LUCHENG SHUICHENG SHENGTAICHENG GUIHUA SHEJI
DITAN NANNING DE SHIJIAN

绿城、水城、生态城规划设计
——低碳南宁的实践

黄耀志　刘晶晶　黄际恒　著

·北京·

随着我国城市化进程开始进入新的层次，在研究城市空间发展中如何协调好城市与自然生态环境的关系，创造与自然生态环境共存共荣、生动和谐的城市空间环境是城市规划研究的重要课题。

南宁河流水系丰富，提供了由水网来构建城市生态网络的可能性，以水城南宁市作为研究对象具有典型性和代表性。丰富的城市内河水系和良好的自然生态环境基础是南宁独特、不可替代的发展优势，在南宁“统筹人与自然的和谐发展”具有更强的现实意义。《绿城、水城、生态城规划设计——低碳南宁的实践》紧扣南宁城市基础特征“水城”“绿城”，分析了南宁城市形态的演变过程，在借鉴相关城市规划经验的基础上，确定了南宁以水为“魂”、以绿为“体”，互相融合形成城市生态网络的基本途径。

该书可供从事规划管理、设计的相关工作人员，高等院校城市规划专业教师、学生以及对城市规划有兴趣的相关读者阅读。

图书在版编目（CIP）数据

绿城、水城、生态城规划设计：低碳南宁的实践/黄耀志，刘晶晶，黄际恒著. —北京：化学工业出版社，2015.10

ISBN 978-7-122-25192-3

Ⅰ.①绿… Ⅱ.①黄…②刘…③黄… Ⅲ.①节能-城市规划-研究-南宁市 Ⅳ.①TU984.267.1

中国版本图书馆CIP数据核字（2015）第221432号

责任编辑：袁海燕　　装帧设计：王晓宇
责任校对：王　静

出版发行：化学工业出版社（北京市东城区青年湖南街13号　邮政编码100011）
印　　装：北京画中画印刷有限公司
710mm×1000mm　1/16　印张$11^{1}/_{2}$　字数219千字　2016年1月北京第1版第1次印刷

购书咨询：010-64518888（传真：010-64519686）　售后服务：010-64518899
网　　址：http://www.cip.com.cn
凡购买本书，如有缺损质量问题，本社销售中心负责调换。

定　　价：128.00元

序言
PREFACE

2003年英国布莱尔政府发表了一本影响世界的《能源白皮书》，书中首次提出了“低碳经济”概念，随后引起国际社会广泛关注。2009年以来，我国国家领导人先后参加了联合国气候变化峰会、哥本哈根世界气候变化大会，做出了有关中国进行自主减排目标的庄严承诺，标志着向低碳发展转型成为中国肩负的世界责任。2012年党的十八大报告首次单篇论述生态文明，把“美丽中国”作为未来生态文明建设的宏伟目标，把生态文明建设摆在五位一体总布局的高度来论述，进一步旗帜鲜明地表明我国政府对民族、对子孙、对世界负责的态度。

我国面临的问题是，与发达国家相比，尚处于发展中国家的行列，且处国际产业链的低端。在当前尚需快速推进工业化、城镇化的同时，为满足低碳发展要求，对产业结构大幅调整，存在相当大的难度。由于发展阶段不同，发达国家在过去历史碳排放和能源消耗中，已积累大量产业转型、资金及技术优势，且利用这一优势争夺发展中国家的能源资源，挤压发展空间，事实说明我们不可能指望发达国家恩赐公平发展权，亦不能寄期望于其附加昂贵代价的技术及支持，而必须依靠自主创新，探索出一套符合我国国情的低碳发展策略。

源于以上目的，研究团队抓住城市这一低碳发展的核心内容，并选择从自然环境、地理区位、发展进程和城市规模具有代表性的南宁市作为研究对象，使研究成果既具普遍性又不乏前瞻性。

作为中国面向东盟各国的区域性国际城市、环北部湾沿岸重要的中心城市，“半城绿树半城楼”的南宁，绿荫如盖、繁花似锦，是个宜居之城、活力之城。我所了解的南宁市内水系发达，以邕江为干流，大小河流有230多条，总长度4500多公里，市区内分布18条内河及10多个湖泊。南宁自20世纪90年代之后二十多年的城市发展中，已经确立了“中国绿城”这样一个城市品牌，近年来又开始着力打造成为“中国水城”。应该说，南宁市从市情、水情实际出发，走出了一条以综合整治城市水环境为突破口，改善人居环境，发展现代产业，提升城市品质，转变城市发展方式，建设现代生态文明城市的新路子。

当前，我国低碳生态城市建设热潮方兴未艾。南宁1600多年来的治水历史、滨水文化和2009年以来南宁水城建设的宏伟蓝图、建设历程与既有模式探索，这里面确实有很多值得进一步细化研究和可供其他城市分析借鉴之处。本书的作者均长期致力于城镇生态化规划建设的实践工作，在生态城市规划设计理论与方法、城市可持续发展策略研究方面具有较深造诣，特别是近10年来在水网城镇低碳生态化规划建设方面成果颇丰。难能可贵的是，尽管科研与设计业务与日俱增，但作者们能够跳出日常大量繁杂的具体工作，对水城南宁这样的优秀城市案例进行及时的系统性研究和总结，并就南宁实施高水平“中国水城”建设、打造生态网络都市和“海绵城市”等提出一系列的战略性、前瞻性思考，其学术敏锐感和责任感令人钦佩。由于低碳生态城市的规划与设计在中国刚刚起步，本书虽不乏许多亮点和创新之处，一些内容也还有值得进一步探讨、深化的余地。但是毫无疑问，本书的出版为这样的一个持续性工作开启了一个好头。

故欣然为之序。

第八届江苏省人大常委
原南京市规划设计研究院院长
教授级高级规划师
梁镇海

2015年5月于南京

前言

FOREWORD

南宁，是广西壮族自治区的首府城市，是一个以壮族为主的多民族和睦相处的现代化城市，地处亚热带，得天独厚的自然条件，令南宁满城皆绿，四季常青，形成了“青山环城、碧水绕城、绿树融城”的城市特色。

“中国绿城”，这是南宁的绿色梦想。经过几十年的不懈努力，标识绿城南宁魅力的“城在绿中，绿在城中，终年常绿，四季花开，山河湖溪与绿树鲜花交相辉映，绿化、美化、果化与亚热带风光融为一体”的城市生态景观已经形成。到2010年前后，南宁市的森林覆盖率、绿化覆盖率、人均绿地面积以及城市大气质量，均位于全国省会城市前列。“国家园林城市”、“联合国人居奖”、“中国人居环境奖”、“中国优秀旅游城市”以及“中国特色休闲城市—养生休闲之都”等城市荣誉彰显着“中国绿城”建设的杰出成就。

“中国水城”是南宁市继“中国绿城”之后生态城市建设的重大举措。邕江及其两岸众多支流、水库形成了独具特色的、能够自给自足的相互补充的水系网络为水城建设提供了基础框架。建设“中国水城”，“绿”上加“水”，不但可以借此改变南宁市的生态环境，不断提高城市可持续发展的能力和基础，还可以与“中国绿城”建设相互促进，实现城市绿和水的完美结合，促进城市生态系统的良性循环。

“水城”建设强调生态在治理水系中的重要作用，宏观把握构建整体的城市水网系统，营造具有民族文化特征的“中国绿城”—“中国水城”的复合生态景观系统。将城市内部水系以及沿岸打造成景观秀丽的风光带、特色明确的文化带、经济复苏的产业带、人气活跃的亲水带、环境宜人的居住带以及设置完善的行洪带。这就需要从城市总体格局出发，优化和完善内河沿岸两侧土地使用的功能、空间形态，提出带动内河沿岸土地集约和高效利用、景观生态环境良好的土地开发控制总体思路、策略与模式。

这样的一个“水城”建设项目，将对南宁市的规划建设发展产生诸多影响，而几个事关全局的重要问题，是“水城”项目推进后必须面对的。

第一，对南宁的城市空间结构的影响。从南宁建城至今城市空间布局的演变，经历了点状生成、带状拓展、单中心放射状拓展、单中心圈层拓展时期。自从实施“中国绿城”、“中国水城”等建设，城市空间从“南湖时代”走向了“邕江时代”。城市空间圈层布局有了很大的变化，即南宁城市用地从单中心向多核心布局模式演变的发展趋势。

第二，对滨水空间形象的影响。从城市整体结构看，水系作为一个主导要素嵌入到城市结构形态后，必然导致整个城市空间结构的改变；从规划设计的角度看，由于水系网络构建带来原总规中滨水空间的增加，在对其进行规划设计时，既要对水体自身整治、滨水区绿地系统以及公共开放空间的建设以及滨水居住环境改善给予足够的重视，同时又不能忽视滨水空间的整体性和城市形态的延续性。

第三，对城市旅游及其旅游产品更新的影响：① 城市特色文化得到提升；② 水城生态特质更加凸显；③ 水岸景观丰富多样。

第四，对城市建设用地产生的影响表现在对公共服务设施用地、室外公共空间布局对新变化用地调整需求三个方面。新变化对用地调整产生的诉求，适应这些变化需要有新的规划指导。

“水城”建设的推动，酝酿了南宁市从“绿城”、“水城”走向“生态网络城市”的规律式发展态势。“生态网络城市”，就是以自然生态网络为“底”，城市建设用地为“图”，先底后图，生态优先；以生态网络限定、引导城市建设用地的紧凑发展，实现城市空间的健康有序拓展。这是南宁生态城市和整个生态文明建设的一个重要发展阶段。

南宁具有建设完善的城市生态网络的基础条件。因此，在南宁城市空间拓展中应该充分整合自然生态要素，以构建完善的生态网络作为城市空间拓展的前提，优先进行非建设用地的控制，再根据社会经济发展需求进行建设用地规划与布局，实现紧缩的建设用地与有机的生态网络的合理安排，实现将南宁市打造以“绿城”、“水城”为核心的“生态网络都市区”的目标。

这种先底后图的空间拓展模式，必须遵循5个基本原则：强化整体自然格局的连续性；维护与恢复河道的自然形态；加强林地、湿地保护与建设；保护和利用基本农田；土地集约化发展。这种先底后图的空间拓展模式，必须首先对城市增长的阻力因素进行有效调控。

城市增长往往既受到阻力因素（如地理自然因素）的影响，又受到动力因素（如政策因素、交通接入条件、现状建设情况等）的影响，通过对这两种因素的判析，可以得出促进城市经济社会发展建立在对自然环境资源最低程度影响的基础上。这是科学判别城市扩张的生态底线、城市增长边界是识别城市科学增长方向、实现城市理性增长的有效手段。

“城市增长边界”划定了南宁城市建设用地和非建设用地的范围，勾勒出南宁“图底关系”。“底”的范围（即为生态保护区）是指位于城市增长边界之处，具有保护城市生态要素、维护城市总体生态框架完整性、确保城市生态安全等功能，需要控制建设、实施生态保护的区域。它是维护南宁城市生态安全的重要基础，涵盖了南宁市优质的山水生态资源和重要的生态敏感区，对构建南宁“一轴两环多廊道”生态框架具有重要意义。

考虑到生态保护范围需要给予一定的控制弹性，实施不同的管控要求。将基本生态线围合形成的生态保护范围进一步划分为“生态底线区”和“生态发展区”两个层次。其中，生态底线区是指生态要素集中，生态敏感的城市生态保护和生态维育的核心地区，是城市生态不可逾越的安全底线，应遵循最为严格的生态保护要求。生态发展区是指自然条件较好的生态重点保护地区或生态较敏感地区，允许在满足特定的项目准入条件前提下有限制地进行低密度、低强度建设的区域。

这种先底后图的空间拓展模式，必须同时加强对城市集中建设区发展的引导。

随着城市资源的稀缺性日益突出，土地集约发展是城市经营的基本前提与重要内容。目前，南宁经济发展态势良好，面临土地供需矛盾突出的问题。为实现城市建设土地利用的可持续性，提倡土地的高效率开发与土地的集约利用是必然选择。通过南宁生态网络的构建，优先控制非建设用地，在预留并确保组团间足够的开放空间与生态廊道的同时，推动南宁城市形态向网络状组团式发展。并且“重点推进组团”要与“调整优化组团”一并考虑，即组团发展与城区人口规模、产业合理布局要同时考虑，以保障良好的城市生态环境的基础前提下城市规模化组团发展的目的。

基于南宁市的以自然生态网络的“底”，城市建设用地的“图”，通过“先底后图，生态优先”的选择决策，提出了南宁生态网络都市区空间结构的“一轴、两翼、多中心、多组团”模式。这或许不是唯一的模式，但它却是从城乡规划的空间、土地规划角度对低碳化发展的最好诠释。

这就是低碳南宁在践行“绿城”、“水城”、“生态网络城市”的实践中给予我们的启迪。

著　者

2015-8-10

目录
CONTENTS

南宁“足迹”

南宁市是广西壮族自治区的首府，是自治区政治、经济、文化、金融、信息中心。位于广西南部，北纬22° 48′，东经108° 24′，属我国南部亚热带区域范围[1]，邕江流经市区，山清水秀，气候宜人。从区位上看，南宁面向东南亚，北靠大西南，东临粤港澳，西接中南半岛，地处泛北部湾经济合作、大湄公河次区域合作、泛珠江三角合作、西南合作等多区域合作的交会点，是我国对外开放的重要门户和前沿，是新崛起的面向东盟的区域性国际城市。至2010年年末全市户籍人口707.37万人，比上年增加9.47万人，其中市区人口270.74万人。全市总面积22112平方公里，其中市区面积6479平方公里，建成区面积179平方公里[2]。目前，正朝着具有秀丽岭南风光、浓郁民族风情、鲜明时代风貌的现代化宜居生态园林城市迈进。

在1949年以前，南宁依托古城，整个城市基本处于低速发展时期。1949年以后，随着经济的发展，作为环北部湾重要城市，南宁经济发展与城市建设取得突出的成绩。从南宁的城市发展阶段看，基本经历了四个阶段。

1.1 建城至1955年——单中心封闭式发展时期

南宁市是一座历史悠久的古城。据史籍记载，东晋大兴元年始建县，是南宁作为行政中心的开始，郡治在邕江南岸，已有1600多年的历史。晋兴初年，城区向北岸迁移，新城位于邕溪水和邕江汇合的三角嘴上，为日后城市的发展准备了条件。晋城范围大致在现在的广西军区院内紧靠邕江一带，方圆有200～300米。自唐宋以来，南宁就是西南大通衢，与滇黔川有着密切的交通联系和频繁的经济往来。商品交流促进了社会进步，加速城区规模的不断扩展，使城市人口规模不断扩大。唐代，武德年间，城区在晋城的基础上扩建城邑，面积约2平方公里。后开城门3个，均面临邕江，以适应水运的发展。宋代，从元丰三年（1080年）起，邕城人民开展修城墙、建城楼、挖城壕等浩大工程，城区轮廓大体呈椭圆状，南北稍长，东西较窄；总面积约3平方公里，故有“直城三里七，横城七里三”的说法。明清改名为南宁府，南宁由此得名，沿用了600多年。明清时期，城区向城西南外邕江沿岸一带扩展，将南门外一里的邕江沿岸地区辟为商埠。1907年清政府把南宁辟为沿江通商口岸，成为广西西南部以及云、贵一带的货物集散地。1913年改为南宁县，次年改为邕宁县，这个时期的“南宁市建设计划”，由于内战及抗日，直至南宁解放，城建工作无法进行。1949年12月4日南宁获得解放。1950年2月8日广西壮族自治区人民政府成立，南宁为省会（图1-1）。

城市形态上看，历史上由于社会经济和交通条件的限制，南宁市区主要集中于水运较发达的邕江中段北岸滨江地带，城市形态具有显著的临水型轴向发展特

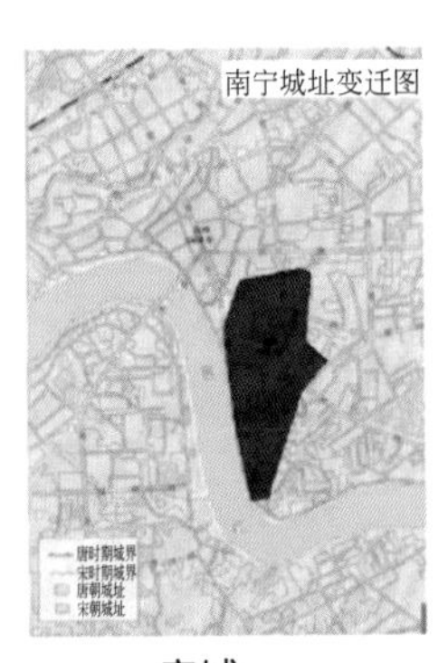

唐城

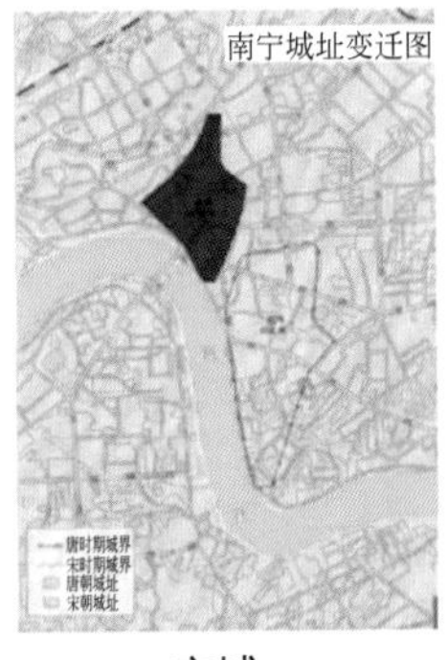

宋城

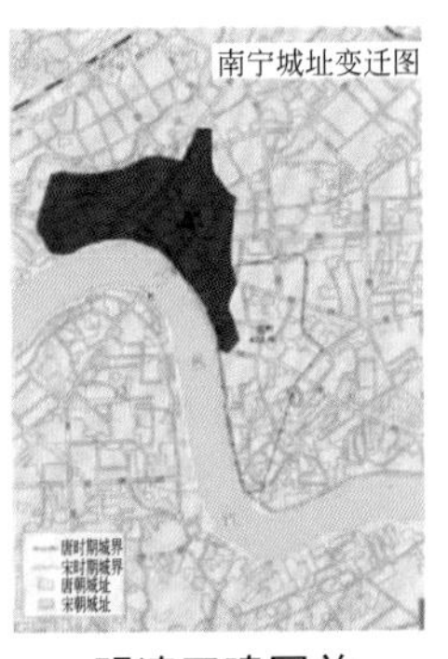

明清至建国前

图1-1　南宁城址变迁图
（资料来源：2008年南宁市总体规划说明书）

征。南宁自建制至解放（1949年）前夕，历经千余年，全市尚是“直城三里七，横城七里三”，城区面积仅为4.5平方公里，人口最多时为9.2万。从空间拓展动力机制看，由于受到社会经济和交通条件的制约，作为城市空间拓展的基础，内部适应因素——自然地理条件起主导作用，决定了城市的初始形状。

1.2　1955～1982年——单中心放射状拓展时期

新中国成立以后，这个时期作为区域性经济、政治、文化中心，南宁为了适应经济发展需求，在交通设施的引导下，南宁的城市形态已经由初期的临水带状发展特征逐渐转变为沿铁路和公路为主的交通干道轴向及临水型轴向并重的发展特征，后来随着一系列交通工程的完工及邕江水运的逐渐衰落则加速了以交通为导向拓展形式[3]。

1955年前后，南宁市的总体布局还仅局限于中心城范围。新中国成立后南宁首次编制较完善的1958年版总体规划（图1-2）参考了重视形式的前苏联规划模式，城市布局以旧城为基础，向四周紧凑发展，道路网采用环形加放射状布置。20世纪60年代，建成了首座跨江（邕江）大桥，加强了南北联系。南岸工业区随铁路编组站的设置得到一定发展，并依托铁路布置工业用地。这个阶段规划强调功能分区，围绕着第一个五年计划，重点突出了工业布局，以工业项目布局带动城市建成区的外延扩大，奠定了城市布局基本框架和中心区为服务及居住区，西郊、江南、北湖为生产区的格局。同时，外围的卫星城也开始逐渐形成。

对比这两张图可以看出，1982年南宁城市规划布局（图1-3）很大程度上沿袭了1958年总规的空间发展模式，仍为集中圈层结构布局。另外，一块飞地位于城市西部。改革开放以后，南宁市社会经济建设各方面有了新的发展，城市规模迅速扩大。然而在用地布局上，1982年版规划基本沿用了20世纪60年代的原

图1-2 1958年版南宁城市总体规划图
（资料来源：2008年南宁市总体规划说明书）

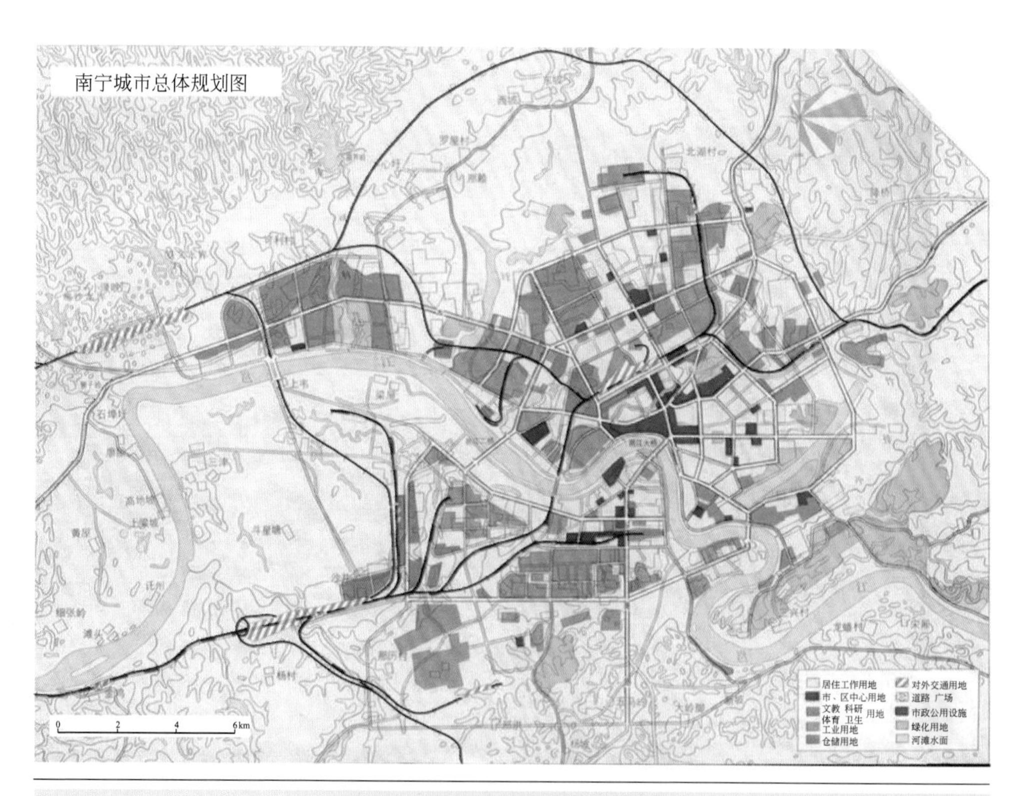

图1-3 1982年版南宁城市总体规划图
（资料来源：2008年南宁市总体规划说明书）

有格局，城市综合职能仍旧依托于旧城中心，没有突破单中心的城市结构，并确立了环形加放射的城市路网格局。随着城市规模的扩大，其表现出的弊端越来越多，高度集聚的旧城使得旧城中心交通、环境、建设投资成本等压力过大。

从空间拓展动力机制看，由于受到交通方式及产业布局影响，弱化了水运对城市经济发展的影响，因此决定了这个阶段南宁城市形态呈环形放射状布局。从解放后到20世纪80年代末，由于受到周边国际环境（局部战争）的影响，突出强调了边防，南宁未提出较高的城市发展目标，发展局限于广西省范围。因此，这个时期的城市规模不能完全适应后来的市场经济时期的城市建设和空间拓展诉求。

1.3　1982～1995——单中心圈层拓展时期

20世纪90年代，南宁市的改革开放和经济建设进入一个历史上前所未有的黄金时期。随着中越关系的转好，加上1992年小平南巡后南宁被国务院批准为沿海开放城市，南宁的发展日新月异。“分中心”的城市集团式发展战略在1995年版总体规划（图1-4）中被提出。该战略从大西南地区的视角出发，有力地指导

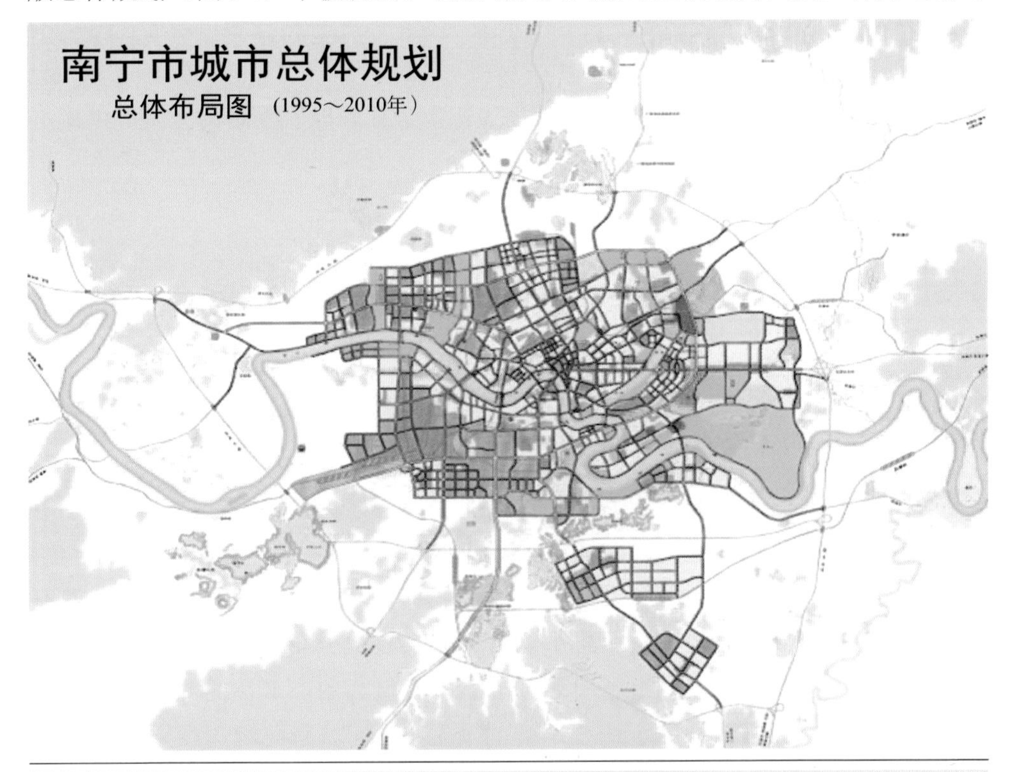

图1-4　1995年版南宁城市总体规划图
（资料来源：2008年南宁市总体规划说明书）

了南宁20世纪90年代后的城市建设。1995年间，南宁将行政中心东迁来带动琅东新区的发展，其目的是为了缓解特大城市单核心结构的弊端，使旧城人口和交通得到进一步疏解[4]。琅东新区是南宁城市空间拓展的上佳区域，其与南湖和邕江相邻，东接青秀山风景名胜区。南宁城市结构形态由近圆形渐渐演变成沿邕江东西向伸展的扁长结构形态。随着琅东的开发，开发强度高和经济强度高的中心密集区也开始向东部伸展开来。可见，埌东新区建设深远地影响了南宁整体城市用地空间布局。虽然在政策经济导向下强调了分中心的战略，但是随着城市快速环和高速环的兴建，引导城市向东西南北各个方向的仍是过分均衡的“团状”扩张。城市空间格局在原有基础上加上了圈层结构，单中心圈层拓展的空间格局变得越发明晰。建成区范围发展到这个时候已经是124平方公里，与20世纪80年代末的70平方公里相比，范围明显扩大。在这个时期的城市用地布局上，越来越强调经济政策导向作用，发挥出各大用地经济价值。

南宁城市正处于高速发展阶段，在经济利益的驱动机制下，这个时期南宁城市发展受到政策经济影响较大，受分中心发展战略影响出现“偏心化”现象，但总体上城市形态仍呈单中心圈层结构布局。由于发展背景变化的限制，规划的指导性和适应性遇到了严峻挑战：在南宁本版规划中未充分估计城市发展速度，也没有意识到城市发展与生态保护之间存在巨大的冲突[5]。城市不断向城市外围“摊大饼式”拓展，并带来一系列城市病，让南宁只好提前面对特大城市中才可能出现的繁复问题。

1.4 1996年至今——集中分片区拓展时期

2000年以来，东盟自贸易区的创建和“南博会”的定期举办为南宁与东盟、与世界各国的交往创造了一个重要平台。同时，作为环北部湾重要城市的南宁，与周边珠三角、大西南以及北部湾的关联在地域联系与地域分工协作中发挥着越来越重要的作用，南宁面临着更大的发展机遇。圈层布局有了很大的变化，即南宁城市用地从单中心向多核心布局模式演变的发展趋势。主要表现在南宁的圈层布局中的一部分圈层中首次出现多核心分布的雏形。伴随城市空间拓展过程中“偏心化”越来越明显，原本以旧城为中心部位的圈层结构，出现城市部分职能开始由新的子核心承担的情况[6]。在城市环境建设方面，2001年南宁市全面实施“136城市亮化工程”，目标是将南宁市打造成“中国绿城”。在该政策的推动下，南宁城市的发展达到了历史上的最快速度，在建成区范围方面和各类用地方面都以空前的速度扩展。“中国水城”的建设是南宁市继“中国绿城”之后的又一张城市名片，以邕江水系为主轴和核心，贯通城市水系，达到中国水城“水畅、水清、岸绿、景美”的总体目标。在城市空间上，从“南湖时代”真正走向“邕江时代”。南宁城市的发展，在建成区范围方面和各类用地方面都以空前的速度扩展。南宁以“城市布局采用团状分片区结构形态的发展重点”作为战略突破口，推动城市的拓展，这是城市规划多核心模式在南宁空间条件下的具有运用。并且2008年版规划（图1-5）中尤其强调生态方面的要求，水网和绿网的建设，建立起城市生态绿地网络，形成城市与自然相依的良好城市内部环境。

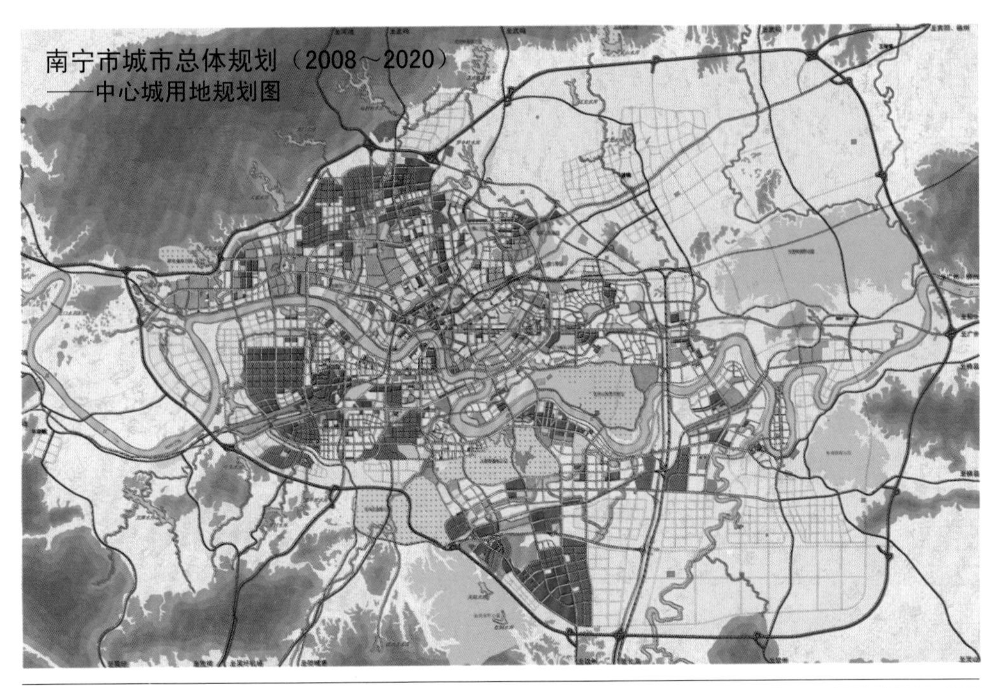

图1-5　2008年版南宁城市总体规划图

［资料来源：南宁市城市总体规划（2008～2020）］

参考文献

[1] 南宁市地方志编纂委员会. 南宁市地方志[M]. 南宁：广西人民出版社，1998.

[2]《南宁统计年鉴》编委会. 南宁统计年鉴——2011[M]. 北京：中国统计出版社，2011.

[3] 张浩，雍怡. 区域发展的生态规划与综合战略决策研究——以南宁市为例[J]. 复旦学报，2004，92（6）：965-971.

[4] 胡浩，温长生. 城市空间扩展与房地产业开发关系研究——以南宁市为例[J]. 西北大学学报（自然科学版），2004，92（2）：731-734.
[5] 南宁市人民政府. 南宁市城市总体规划及说明书（2008-2020）[R]. 南宁：南宁市人民政府，2008.
[6] 权纪戈. 南宁1980年以来城市用地演变研究[D]. 北京：清华大学，2005.

2

从“绿城”、“水城”到生态网络城市的发展态势

2.1 水城建设的发展背景

2.1.1 “水城”、“绿城”的缘起及建设现状

(1) 南宁“水城”、“绿城”的缘起

“草经冬而不枯，花非春仍常放。”地处亚热带的南宁，具有南方特有的温暖和湿润，很早以前，南宁就以一年四季绿荫如盖、繁花似锦的独特风姿而醉人。近年来，有着“半城绿树半城楼”美誉的南宁，为了实现建设“中国绿城”的绿色梦想，继续在道路的绿、广场的绿、公园的绿、小区的绿、阳台的绿上大做文章。路宽100米、全长12公里、号称广西第一大道的民族大道，是一条绿意盎然惹人醉的“森林大道”。北大南路、人民西路、大学路、清川大道等精品大道也是处处繁花似锦绿树成荫。南湖广场、民歌广场、民生广场、江滨休闲公园等一个个沿湖、沿溪、沿江的带状广场将滨水绿化带连接起来，形成了城市的“绿色飘带”。4813公顷的良凤江国家森林公园，茂密的树林中富含高含量的负氧离子和充盈四周的新鲜空气。此外，青秀山风景区、南湖公园、动物园等公园的绿各具诱人的特色。明秀小区、新竹小区等一个个绿树成荫碧草如茵的小区，以及家家户户那一方小小阳台的绿，让外地人羡慕不已（图2-1 ～图2-4）。

图2-1　南宁道路绿化

图2-2　南宁市内广场

图2-3　南宁市内公园

图2-4　南宁景观小游园

城在绿中，绿在城中，终年常绿，四季花开，山河湖溪与绿树鲜花交相辉映，绿化、美化、果化与亚热带风光融为一体的城市生态景观，正是绿城南宁的魅力所在。市区内有13座公园和30多处街头游园，建成区绿化覆盖面积3666公顷，覆盖率36.1%，人均公共绿地面积大幅提高，常抓不懈的城市绿化和环境保护使南宁城市大气质量常年在国家一至二级标准，位于全国省会城市前列。

整个城市基本上形成了大、中、小相结合，点、线、面相结合，市区与村镇相结合，城乡绿化一体化的绿化体系。层次丰富、多姿多彩、四季常绿、生态良好的独特园林绿化景观，城市园林绿化和生态环境建设，树起了南宁“绿色城市”的品牌。2004年，南宁市人均拥有公共绿地面积8.06平方米，全市空气质量优良率常年保持在97%以上。1997年南宁市被评为国家园林城市；2000年，荣获联合国“迪拜国际改善居住环境良好范例奖”；2002年，荣获首批“中国人居环境奖”。

（2）南宁“绿城”、“水城”建设现状

从2006年起，生态南宁工程在南宁市持续建设，如今南宁市已经形成了若干条绿色廊道（图2-5），包括快速环道、民族大道延长线、机场高速路等。

图2-5　南宁绿色廊道

南宁市已基本形成了“城在绿中，绿在城中”的绿化新格局[1]。近些年，森林覆盖率达39.47%，绿化覆盖率达37.81%，城市建成区绿地率达32.77%，人均公园绿地面积达到12.47平方米。

目前已形成了这样的新格局，“群落式”园林建设模式是南宁绿化建设的一个特点，极具生态理念，也是南宁绿化进程中的一个亮点。南宁市通过“群落式种植”（图2-6）城市绿化新模式以及提高“绿量”和生态理念，来达到一个最佳的目标，以最小的土地面积产出最大生态效益。

图2-6　南宁“群落式种植”

南宁市江流湖泊多，全市有18条江河流经该市，为了将南宁建设成“绿城”、“水城”，南宁市的城市绿化结合实际，大力打造特色公园绿化建设。首先，南宁市将名树博览园与南湖相结合，建设成一个开放式公园，突出了南宁的城市特色；其次，以名贵的金茶花为主打造了一个金茶花公园，突出了专业特色；三是一路一景的绿化，打造了复式城市绿化景观，让果树上街，如芒果、木菠萝、扁桃等都成为南宁的特色景观；四是打造特色动物园建设，在动物园的建设中保持了园林风貌，做到植物园中有动物园，动物园中有植物园。另外，还开展多种动物表演项目以创造人与动物的和谐（参见图2-7）。

图2-7　南宁的秀丽风光

2.1.2　从“绿城”到“水城”的城市规划建设背景

（1）水城建设必要性探讨

① 城市形象提升与特色营造要求城市建设更上一个台阶

作为广西“首善之区”和区域性国际都市的助力器，南宁“水城”建设的引导和辐射作用体现在商业金融、经济环境、政治等多个方面。同时，南宁城市文化环境和生态环境方面也处于优越位置，具有发展成为现代化宜居大都市的潜在能量。

通过打造“中国水城”，南宁市可以充分发挥城市水利在城市建设、生态环境建设、文化内涵发挥和旅游资源开发等方面的综合功能，把城市水利融入城市建设，形成具有独特的水文化，同时拥有秀丽风光、浓郁民族文化风情、鲜明时代风貌的人文景观环境和良好的生态环境。

② 城市经济发展需要水资源优势的利用

水资源优势可以成为南宁市破解当前发展难题，实现经济又好又快发展的一条高速通道。通过打造“中国水城”这一城市品牌，不仅为南宁市提供一个地域性、全国性乃至全球性的地理定位、文化定位和市场定位，还会直接提高城市品牌和知名度，为南宁走出广西，走向全国，面向世界打下坚实的基础。让更多人了解南宁、关注南宁、走进南宁，形成一个发展平台，有了这个平台，资本、技术、人才等各种生产要素就会汇聚而来，形成“洼地效应”，从而强力推动南宁经济的快速发展。

通过“中国水城”建设，除了可以改善南宁市的投资环境，吸引更多外商前来投资外，还可以充分利用优越的生态资源，加快建设服务产业，培育主导产业，利用一条龙服务建设高水平的旅游休闲产业，实现整个经济结构的提升。

③ 居民生活得到改善、生活环境质量得到提升的需求

“中国水城”的建设是南宁市继“中国绿城”之后的又一张城市名片，在“中国水城”的建设中，通过对城区水环境的治理，南宁无疑将变得更美、更宜居。近年来，虽然在“中国绿城”建设方面，南宁市取得了很大成就，但对于整个城市生态文明来说，单一靠一个“绿”显然存在着局限性和被动性。而建设“中国水城”，“绿”上加“水”，不但可以借此改变南宁市的生态环境，不断提高城市可持续发展的能力和基础，还可以与“中国绿城”建设相互促进，实现城市绿和水的完美结合，促进城市生态系统的良性循环，尽早将南宁市打造成为“水流城中、城映绿下、水绿相间”的“楼台亭榭”之城。

水城建设的过程，是一个不断提升和改善的过程，也是对城市水资源进行利用和保护、对水生态进行维护，对水景观进行设计，对水文化进行挖掘以及对水经济进行开发的过程。随着水城建设的推进，南宁市的生态资源将会得到保护和改善，生物多样化的生态走廊得以成功打造；城市人居环境将会得到明显改观，市民生活环境、生活质量都会得到提高，排水系统得到完善，用水安全得到保证，宜居型城市的特性得到更充分体现；“水、绿、城”交融共依、和谐共生的生态城市格局逐步形成；以城市水景风貌、历史文化与少数民族风情为依托，融入休闲文化娱乐活动，并与沿岸特色景观、游憩相结合的旅游休闲及其相关配套产业得到快速发展，主导产业得以培育，整个城市的经济结构实现全面提升，城

市功能和城市品质的首位度也将大大提升；以满足交通组织、景观和游憩需要为目的，以城市水陆交通便捷互换为实现形式的路网网络逐步形成等等。届时，南宁市的城市生态环境结构、空间结构、经济结构等将会得到明显优化，城市在经济、政治、文化及社会活动等方面的功能也会得到提升。

（2）水城建设现实可能性探讨

① 良好的自然环境条件使水城建设成为可能

南宁良好的自然环境条件得天独厚，传承着历史上的千年古邕州的城市格局，南宁“水城”的设想具有先天的自然优势，是这座城市潜藏的活力。

这个优势主要表现在丰足的水域面积和发达的水系以及水源的品质较高，对于给南宁内河的补水工程也可以通过建成后的老口水库（图2-8）实现。通过内部河流的互相补给，南宁城市内大部分内河的水质、水源都能够得到健康的运作。

图2-8 邕江上游老口水库

南宁市社科院社会发展研究所的一项研究对南宁丰富的水系资源（图2-9）做了很详细的解读。研究认为，南宁城市水资源的优势在于它具有很强的可用性，这是其他国家其他城市所难以具备的特质。南宁丰富的水系中，邕江和众多支流、水库和更小级别的水资源组成了南宁的水系网络。邕江两岸独特的河流与地形地貌形成了很多梯级水库，是水网系统能够自给自足的相互补充。另外，市区内部大小湖泊、水库有七百余个，成为南宁“水城”建设的“基础结构”。

② 城市发展机遇成为水城建设助力

除了拥有丰富的水资源外，南宁面临的发展机遇也成为建设“中国水城”的又一助力。当前，广西北部湾经济区开放开发、多区域合作、建设区域性国际城市是南宁市面临的重要发展机遇。未来南宁市建设区域性国际城市的空间机构，应该从目前以埌东为中心的“南湖时代”真正走向以邕江为轴心的“邕江时代”，打造“国际性滨水城市”。近年来，南宁市财政质量逐步好转，全市经济运行保持生产平稳、增速加快、结构改善的良好发展态势，这些都为推进“中国水城”的建设奠定了雄厚的经济基础。

图2-9　南宁丰富的水系资源

③ 绿城建设的成就催生水城建设的预想

南宁打造“中国水城”将更注重亲水性，如邕江两边要建设的滩涂公园（图2-10）。水岸作为亲水景观的纵深，将考虑不设直岸，不设栏杆，这种生态岸线的设计使亲水成为可能，同时扩大了市民的活动空间，这也是南宁和国内其他城市打造水城的不同之处。

图2-10　邕江边的滩涂公园

城市居民的亲水活动主要体现在邕江流域的滩涂公园等公共活动绿地中。亲水景观在塑造的过程中，在保证安全的前提下，不强加围栏和直角堤岸。这种设计手法，为居民便捷地亲近水景观提供了方便和可能性，扩充了城市中公共活动的种类和公共空间的规模。

封宁还针对城市居民的亲水活动做了介绍，对于亲水性的注重主要体现在邕江流域的滩涂公园等公共活动绿地中。亲水景观在塑造的过程中，在保证安全的前提下，不强加围栏和直角堤岸。这种设计手法，为居民便捷的亲近水景观提供了方便和可能性，扩充了城市中公共活动的种类和公共空间的规模。

2.2 他山之石——国内外水城建设案例研究

2.2.1 桥锁岛连——斯德哥尔摩

(1) 水城建设特色

① 城市建设

斯德哥尔摩位于梅拉伦湖与波罗的海交汇处，面积211平方公里，其中内陆水面占1/8，人口78万。大斯德哥尔摩，即整个斯德哥尔摩省，面积6490平方公里，人口184万。斯德哥尔摩市是名副其实的多岛城市，它由26个大小岛屿组成。波罗的海把它们分隔开，使犬牙交错、隔海相望城市的建设者们却用智慧和双手，建造成50多座形式不同宽畅美观的大桥，把它们连接在一起[2]。如果说到斯德哥尔摩省或者说大斯德哥尔摩，岛屿数就更令人吃惊，两万多个。在斯德哥尔摩游览，你有时会纳闷究竟是海划分了岛，还是岛割裂了海，但有一点你用不着怀疑，那就是，绿色的岛屿与蓝色的海湾为斯德哥尔摩增添了变幻无穷的魅力，使它时而像妩媚秀丽的少女，时而又像个豪放粗犷的汉子。而“北欧威尼斯”的美称，似乎已远不足以表达出它的神韵了。

斯德哥尔摩拥有完善的交通设施。海港年吞吐量可达六七百万吨。国际机场位于市北45千米的阿兰达，年运载乘客达1500万人[3]。高速铁路和高速公路可抵达哥德堡等地。3条地铁穿过海底，将各岛连成一个完整的交通网，总长110千米，设站点100个，加上城郊铁路，轨道交通线总长超过200千米。

② 水城特色

瑞典首都斯德哥尔摩是北欧第二大城市，跟许多大城市不同的是，斯德哥尔摩在城市发展中，保留了大量的自然景观。水道、湖泊、海岸以及开发的绿色空间和廊道，这些共同构成了城市的特色——绿色和蓝色——大片保留的绿地，以及环绕城市所在岛屿的蓝色水面。这样的城市水绿结构特征得益于城市始终贯彻的可持续发展战略[4]。

水绿结合的城市结构形态，自然景观与水域结合的城市形象，由建筑物与自然地形、植物构成的城市轮廓，这就是斯德哥尔摩的城市名片。

这个独有的特征是未来发展的重要基础。它成为城市发展的先决条件，它也是人们选择在斯德哥尔摩居住或者工作所考虑的一个重要因素。同时，吸引力还包括商业、旅游、居住和文化等方面的良好条件。因此，目标是在保持和加强那些独有的特征的同时不断地建设这个城市。

环境友好的混合利用型城市开发。第一个这类建设区是斯德哥尔摩内城的一部分[5]——哈默比湖城，“哈默比湖城：海洋之城”，它的核心是大面积水面。这个衰落的港口和工业区被改造成为一个现代化的、生态可持续发展的地区。哈默比湖城是斯德哥尔摩目前在建的最大的一个城市建设项目。旧的港口和工业区将改造成为现代化市区，并成为湖城的合理延伸，包括8000套公寓和20000人口。2010年项目完全建成，有30000人在这里生活和工作。环境良好的哈默比湖城将成为一个规划成功的典范，其拥有自己的循环再生模式和本地的污水处理厂。哈默比湖城将保持自己的内城特征，包括在新老建筑上逐渐形成，体现现代风格的典型城市品质。从政策角度看，哈默比湖城标志着从郊区建设到重新建立一种包括商店、餐馆、集会空间的街道和工作、生活相混杂形态的城市价值的回归。独特的品质和机遇来自于滨水以及既靠近内城又邻近Nacka自然保护区的区位特征。出于对环境问题的进一步关注，哈默比湖城将建设包括有轨电车线路、运河上的渡口、换乘停车设施等公共交通设施。规划中同时还包括高度发达的行人和自行车系统。

内城另一个快速发展的区域是以18世纪后期著名城市规划师姓名命名的Lindhagen城。这里有许多针对全欧洲和北欧市场建立的著名的电信和网络公司总部。世界上最著名的生物公司之一的Pharmacia在该地区拥有其最重要的研究中心。该地区将在靠近公共交通和水体的西北部条件良好的区位内建设新的住宅。同时该地区也强调提升城市价值。Lindhagen大街，目前担当大运量商业性交通，将建设成一条林荫大道。

保留和建设水绿结构。与其他很多大都市不同，斯德哥尔摩保留了大量的自然和人文景观。水道、Malaren湖和波罗的海边的内城建筑共同构成了城市的鲜明特色，还包括与周围环境和谐共存的开放性公共绿地和绿色廊道。绿地结构对于斯德哥尔摩居民的健康和娱乐都非常重要。它使得人们可以在城市中体验到自然美景，亲近丰富的植物和动物种群，创造优质的城市气候，同时也为城市的可持续发展提供良好的基础。

斯德哥尔摩城市规划和“绿色地图”是平行的项目。在斯德哥尔摩城市规划指南的基础上，绿色地图进一步深化和确定内城和郊区的绿地品质。绿色地图确定公园和绿地的价值。它分为两部分，生态部分以生物小区图为基础显示生物群落的分布，社会人文部分以“社会小区图”为基础，这个社会小区图是充分考虑到居民的交流过程的结果。“社会小区”可以定义为“人类活动和体验的空间”。

（2）解决的问题

斯德哥尔摩在城市的发展中，通过水系绿廊的建设，不仅保持了城市生态的可持续性，水资源及土地资源利用的可持续性，而且最终引导着城市向着可持续发展的方向不断推进。

同时，可持续发展的理念也促使斯德哥尔摩发展环保产业。在城市可持续发展的战略下，环保产业在20世纪70年代就开始兴起，尽管最初兴起时是依附于其他产业发展的，但随着环保理念在斯德哥尔摩人们心中不断深化，环保产业也逐渐成长为独立的专业化部门，并且最终与社会其他产业部门相互融合，发展成为一个新兴的产业。

（3）获得的收益

建设水系绿廊，形成生态网络，这可以说是斯德哥尔摩水城建设的核心价值。水绿结合的城市结构形态，不仅使市民可以在城市中体验到自然环境的品质，更为城市创造了良好的气候和生态环境，成为城市可持续发展的基础。

斯德哥尔摩通过绿脉的保护和水系的构建，从一个衰落的港口和工业区改造为一个现代化的、生态可持续发展的地区，为市民创建了一个水绿环生的城市生活空间，并在水城建设的推动下，呈现出现代城市的典型品质，恢复了城市内部的活力，斯德哥尔摩阐释并践行了人与自然和谐共生的客观规律，形成了独特的城市品质。

2.2.2 水上都市——威尼斯

（1）水城建设特色

意大利城市威尼斯以其奇特的水街泽巷，宏伟多姿的历史建筑以及旖旎的海景著称于世。在不到8平方公里的土地上，威尼斯建成了由118个小岛组成的水上都市——城市中100多条错综复杂的河流贯穿交织，400多座各式各样的桥梁跨越过这些运河，连接着这些小岛。整个城市只靠西南角的一条长堤与意大利大陆半岛相连接。在这样的自然资源条件下，威尼斯城市的建筑只能建设在岛上或是海湾浅水地段的木桩上，房屋彼此建得很近，而且建筑只有狭窄的立面朝向街巷或运河。而这些交织的河流就是威尼斯的“街巷”，其中“S”形的大运河是威尼斯的“大街”，它宽约60米，长约3.5千米，从城市西北角跨海的利贝尔塔长桥开始，在城市内绕了一个半圆圈，至南边的圣马可水域结束，其他的小河穿梭在城市的房前屋后，宽的有十余米，窄的只有几米，如同蛛网似的与大运河相交织在一起，连接着城市中的每一条街坊，承担着威尼斯市内的主要交通职能[6]。

在这样以水为街的城市中，交通工具主要是船。威尼斯市内有各种各样不同大小不同功能的船，如渔轮、领港艇、拖船、海关艇、水上交通船、商业运输船和娱乐性的游船。全市共有轮船、汽艇5000多艘。其中公共渡船是公众乘坐较多的交通工具，它辟有不同的路线以方便城市内交通的组织。除了公共渡船之外，还有大型豪华游览船。此外也有小汽艇、快艇。但是，最有名的是“贡多拉”船，它体态轻盈，行动灵巧，充满威尼斯特色，游客可以乘坐它在城市的大小运河间欣赏两岸的古老建筑群和水城别具一格的城市风景[7]。尽管城市中有众多水上交通工具通行，但威尼斯水上交通的管理仍是井井有条，船只各自按照交通规则相互礼让，即使在最狭窄的河道中，也见不到交通堵塞的现象。

水上之都威尼斯的城市特色除了水和船，还有桥。在威尼斯共有428座造型优美、风姿各异的桥。位于大运河上有三座气势宏伟的桥都各有历史和特色，最有名气的是“叹息桥”。这些特色的桥梁给城市带来了更多的历史和美丽，也正是威尼斯的水的另一面写照。

a. 水文化

威尼斯水城建设以传承古典水文化为根本[8]。该城是由海上贸易发展形成的建立在水上的城市，时至今日威尼斯港仍是意大利最大的港口之一。19世纪以后，在全球城市呈现出现代化的发展过程中，威尼斯并没有盲从，而是选择了围绕城市水文化发展的规划战略。为了保持威尼斯水城的这种原始的古典特色，政府立法规定了威尼斯不发展现代工业，不兴建现代建筑，城市中不允许霓虹灯的出现等等。这样使得城市中工商业也保持了原生态，家庭作坊至今仍是手工业生产的主要方式。正是这种对传承水文化规划战略的贯彻执行，使得威尼斯保持了其水城的原始风貌，也使其因水而闻名世界[9]。

b. 水上旅游

威尼斯是举世闻名的水上旅游城市，也是世界上唯一一个市区内没有汽车和自行车，也没有交通指挥灯的城市，水即是城市的街道，船是市内唯一的交通工具。在这样的水街两旁都是古老的房屋，底层大多为居民的船库。连接街道两岸的是各种各样的石桥或木桥。这些狭小的街巷，无处不在的桥梁，向游人展示着其千年的城市水文化。乘坐威尼斯特有的交通工具——威尼斯人称之为“贡多拉”——穿行于水城街道之间，欣赏“街道”两旁古老的建筑，听着手风琴奏出的优美乐曲，那种惬意、浪漫的感觉便油然而生。

威尼斯保存的历史和艺术十分完善。早在佛罗伦萨开始文艺复兴运动时，威尼斯的文化艺术就欣欣向荣起来，著名的有丁托列托、提香和他的威尼斯画派。这座美丽绝伦的古城大约有100多座教堂，120多座钟楼，数十座修道院，几十座华丽的宫殿，以及闻名于世的圣马可广场，这些富有中世纪哥特式和拜占庭风格的建筑（从某种意义上来说，建筑也就是艺术，同时也凝固了历史）那些威严、壮丽的建筑无疑是威尼斯的标志。

（2）解决的问题

威尼斯的水上旅游实现了与城市空间结构的融合。由于威尼斯将水与建筑巧妙地结合在一起，形成其独特的城市空间，吸引了来自世界各地的游客，不仅实现了保护中求发展，更在世界范围了提升了城市的水文化品牌。

通过建筑功能的转变，传承城市的古典水文化。今天的威尼斯已经找到自己新的角色，那就是一座历史的，古典的水城。在这个城市文化主题下，它的豪华宫殿已经变成了博物馆、商店、酒店和公寓，她的众多女修道院已经变成艺术修复中心。这些古典建筑的典范，没有在现代化的潮流中走向衰落，却因水文化的弘扬得以再度辉煌。

（3）获得的收益

古典水文化的传承和水上旅游的构建，不仅为威尼斯在城市化过程中创造了新的发展契机，同时也使得威尼斯城成为欧洲古典建筑的博物馆，实现了城市品牌的经济性、文化性和社会性三者之间的高度统一。

威尼斯人用一千多年的时间不断建设着自己的水上之都，并完全按照自己的意愿来发展。最关键的是，在强大的现代经济诱惑面前，威尼斯人没有迷失自己的方向，他们没有盲目的跟随，而是保留了自己的风格。因此，为了维系这样的尊崇而不惜诀别现代化的便捷，城市里没有现代化的交通工具，即便是品种繁多的旅游工艺品，也是用古老的手工操作。穿过水城迂回曲折的小巷，能进入工艺品工厂，里面古老的机械加工设备和当众生产工艺品的工艺吸引了许多参观者。

威尼斯创造了独一无二的水城特质，成为世界水城之典范。尽管那文艺复兴时期的繁华贸易不再，但它恒常不变地保持着那种盖世无双的自然环境，以及高度的文化、艺术，仍吸引着世界；尽管威尼斯面临辉煌宫殿建筑的被侵蚀和水位高涨的严重威胁，但世界各地的人们向往着威尼斯，那是一个永远不会下沉的梦想。

（4）产生的问题

水是威尼斯的灵魂，威尼斯悠久的水城建设历史不仅呈现给人们一个别样的城市空间特色，也形成了城市水文化特色的优势，正是这样也造成了城市发展的一个问题：静态性。特色的城市格局和具有巨大价值的历史建筑遗产束缚了城市的发展，为了维护这些珍贵的遗产，威尼斯采取了各种措施，而正是这些措施也使城市几乎处于停滞发展的局面中，跳不出“作为一个地方的博物馆”的这种发展状况。这样的状况尤其在城市交通的发展中是最容易出问题的一个方面[10]。

解决这个问题不只是单独某个方面的事，还需要多方的努力，特别是在政策上，社会和公共事业管理部门应该找到有效的替代方式。

2.2.3 水上市场——曼谷

（1）曼谷的城市史

曼谷是一座河渠纵横交错的水上城市，素有“东方威尼斯”之称。曼谷是举世闻名的旅游之城，除了名胜古迹、热带风光喜迎游客外，曼谷还有一整套供游客食宿娱乐的高级设施。曼谷发达的旅游业为泰国增加了大量的外汇收入。

在最近两百年间，曼谷作为泰国的政治、经济中心而发展起来，它具有热带三角洲所固有的自然条件。湄南河大约从八月份开始进入汛期，溢出的河水（占全年总流量的1/8）灌溉着三角洲的稻田。这一地区的民房大都临河而建，地板下均有木桩支撑。这种房屋结构可以适应雨季和旱季的水位变动。湄南河不仅用于灌溉，还发挥着水上交通和渔场等综合作用。可以这样认为。泰民族的这种三角洲式的生活体系有着一种与“河流文化”相适应的本质[11]。

泰国是一个佛教之国，大约90%的居民信奉佛教[12]。全国约有佛寺3000万多座，其数量之多，在东南亚首屈一指，为此被称为“千佛之国”。曼谷的寺庙约300余座。这里的佛寺建筑，独具一格，精致美观，具有浓厚的东方色彩。寺庙的屋檐多为重檐式，远远望去好似屋顶叠架。其上金黄色的琉璃瓦，在阳光下闪闪灼灼。其中并排与曼谷紫禁城内的大王宫和玉佛寺尤具特色，堪称曼谷市两朵辉煌的艺术奇葩。这些奇特的宗教建筑与曼谷的河流，共同构筑了一个充满神秘色彩的东方水城。

（2）城市交通

曼谷城内交通问题严重——“世界上最大的停车场就是曼谷”，在曼谷市区内，汽车拥堵已经被视为一个正常的现象。相比之下，曼谷的水上交通则方便快捷得多。曼谷充分发挥了市内的湄南河为主体的河网优势，开展水上运输。湄南河由北向南经曼谷流入曼谷湾，在市区的宽度约200～300米，是泰国最主要的黄金水道。

在湄南河上专门载送游客的是一种窄而长的带篷的游艇，可乘坐三四十人，开船时只需把螺旋桨探入水中，随着发动机震耳的突突声，船尾便激起剧烈的浪花，使船箭一般向前驶去。湄南河水向宽阔，往返驰骋，绝无“堵船”之虞。据说有6万～10万的曼谷市民上下班就借助这种水上交通。

（3）水上市场

曼谷原本是舟船如梭的水上城市，随着时代的变迁，现在，船上商家已大为减少，只有在较僻静的地方，才会看到划船经商的商贩。目前，在曼谷郊区仍保留着几处非常传统的水上市场。水上市场经营的货物可谓琳琅满目。在距曼谷80公里远的昭披耶河，就有一个著名的水上市场。

水上市场并不大，面积不会超过1000平方米，实际是曼谷的贫民区[13]。由于曼谷本来就河道纵横，加上历代王朝的开发和建设，便逐渐形成闻名于世的水上都城，和我国的苏州一样，曼谷也获得了“东方威尼斯”的美称。这种由贫民区演变出来的“景观”加上独特的地方风情吸引了成千上万的游客，也成为曼谷的一个旅游购物景区。

水上市场自从接通自来水后，卫生条件便有很大改善，以前这里的人们世世代代饮用河水，又世世代代把污物排入河内。那个时代结束了，但由于自来水量有限，对水上人家来说在漫长且炎热的夏季，每天冲凉十次八次都不算多，所以在河中洗澡的习俗仍保留到了今天。水上居民对观光的游客早已屡见不鲜，他们就像往常一样地生活着，只是下河洗澡，对游客们还有所顾忌，他们不分男女，下水时一律用裙子围在腰间遮住下身。在河道狭窄处，游艇不得不放慢速度，这时不断会有小贩划着小船靠近游艇，向游客招徕生意。这些小贩多为妇女，满船的商品多为帽子、刺绣工艺品、折扇、水果芒果、红毛丹等，还有一种被称为“爱情花”的小饰物。

2.2.4 小桥流水——苏州

(1) 水城建设特色

苏州古城，依水而建，因水而兴[14]。古城内水巷交错成网，许多房屋临水而建，各式桥梁数百座，连接着中国特色的园林200多处。苏州水城基于其古城格局，河道与街道保持了平行，城内街巷水道都是东西向或南北向直线交叉，呈现出水路陆路双棋盘式格局，形成“坊”式居住区，是江南水城的代表，而且苏州古城的水网一直兼具防洪、生活、航运、景观、生态等多重功能。

(2) 水城发展历史

根据陈泳的研究，唐朝时期，苏州城市内“水陆相邻，河路平行”的双棋盘式城市格局开始定型，小桥流水的水城风貌基本形成。此后虽经战乱冲击，双棋盘式城市格局始终得以延续[15]。明清时期，城市重心曾一度依托外围水运而跃迁至西北阊门一片，但城市内部双棋盘空间格局未变。晚清至民国以后，因水运衰败，现代陆路系统成为城市与区域交通的主体，城市街道功能加强，道路系统等级提高，水系日渐萎缩。但就整体而言，双棋盘城市格局并未改变，街道网络体系结构基本稳定。20世纪80年代以来，城市道路等级不断提高，网络日趋完善，在内部交通、分区联系和社会交往方面的支撑功能日益增强。与此同时，水系作为城市交通联系通道的功能基本消失，其功能已转变为净化城市环境、提升景观质量的生态网络载体。90年代以来，城市街道网络突破了主城范围，扩展至苏州新区、工业园区、吴中区和相城区几个新城区，城市空间网络规模大大扩展。但是，从空间网络结构来看，其格局与主城内部网络基本保持一致，整体结构相对稳定，仅是街道网络密度由内而外渐次降低。在整个城市结构中，古城内部“假山假水城中园，路河平行双棋盘”和古城外部“真山真水园中城，路河相错套棋盘”的空间结构特征依然，并且，城市空间发展规划的理念仍然立足于此。

苏州古城是中国历史上第一座规划周密的水网城市[16]。城外河网，湖泊星罗棋布，城内河道纵横，街坊临河而建，居民依水而生，体现了江南水乡风貌。并因“城中水流潆回，舟楫密兴”而被称为东方的威尼斯。虽历经沧桑，但苏州古城至今仍保持着“水陆平行、河街相邻”的双棋盘式水城格局。城内现有河道35公里，桥梁168座，仍为我国城市中河桥最多的城市之一。水城风貌是苏州古城最具代表性的风貌。

（3）苏州水城风貌

路、河并行的双棋盘式城市格局；三横三纵加一环的骨干水系及小桥、流水、人家的水巷特色。水在古城中潆回贯穿，千姿百态地与街巷、园林等各类建筑相融合、相渗透，创造出水与城市浑然一体的空间，构成众多优美动人的水景观、水环境。水城风貌在河道上体现于三个方面：一是河道数量。没有相当数量足够宽度的河道是难以体现出水城特色的；二是河水的水量及流速。若没有“丰富的水在流动着”，就很难体现出小桥流水的风貌；三是水质。白居易的“绿浪东西南北水”，杜牧的“水晶波动碎楼台”的所谓“绿浪”、“水晶”即指水很清。清澈的流水增添了水城风貌的灵秀。

水城风貌与苏州的社会经济发展息息相关。苏州是一个因水而富庶，因水而秀美，因水而闻名的城市。水是苏州的灵魂，是苏州的财富，是苏州的文化和形象。改革开放以来，苏州经济社会发展实现了历史性的跨越。但由于水环境的恶化，影响了苏州在国际国内的形象，影响了人民的生活质量。水的问题已经成为影响生态环境、投资环境和居住环境进一步改善，制约经济社会进一步发展的“瓶颈”。这种状况与苏州所处的地位、应有的形象极不相称。故通过对新中国成立以来苏州水环境变迁历史的研究，为怎样改善水环境提供一些经验和教训，从而促进苏州社会经济的持续发展。

（4）苏州内城河的变迁

随着时代的变迁，苏州内城河变化很大。一是城内河道已逐年减少。按宋朝平江图推算为82公里，明时吴中水利全书为75公里，到清末明显减少，只剩50余公里，新中国成立初仅剩下44公里，现剩35公里（其中三纵三横河道为25公里）。131二是河道状况恶化，水体污染，河道淤积，水量减小，流水不畅。

可见内城河的变迁对水城风貌的影响之大。而内城河的这种变化是由历年来河道治理不力造成的，内城河的变迁与河道治理息息相关，内城河的变迁史同时也是一部内城河治理史。

① 新中国成立初期（1950 ～ 1965年）

新中国成立初期，城内河道总长44千米，其中主干河道有三横三直。但河道狭小，河道年久失修，淤塞较多。鉴于当时河道淤塞、水质很臭的现状，以及面对群众的呼吁，政府从三方面入手治理河道。

首先是疏浚河道，修理驳岸。1950 ～ 1965年，共计疏浚河道33.571千米，新砌驳岸3358.29立方米，修理驳岸5064.44立方米，修理河埠150座次，新建水关3座。

其次是填埋部分河道。当时填河是从改善市区环境卫生的角度来考虑的，因为部分河道污秽不堪，蚊虫滋生。1957年，在以"除四害"为中心的爱国卫生运动中，市人民委员会发动群众拆城墙填河，填塞了"钮家巷、绿家巷、道堂巷、东小桥"等河道。1958年出动了15万人次，填平河道13条，计5.8千米，约有十多万立方土。还有部分河道因改为下水道而被填掉。"河道改下水道，1956年开支1512.50元"（有关此方面的档案资料仅此一条，故究竟有多少河道改为下水道尚不得知）。

部分河道被填后，从表面来看确实"改善了环境卫生"，当时人们形容是"鲜花赶走了垃圾堆"。但填河之后，不仅破坏了水城风貌特色。更为严重的是打乱了水系，致使许多地方雨后积水。国家城建总局规划局负责人刘习海在《对苏州城市规划工作的意见》中就明确指出"从经济上讲河道不能填，从环境保护上讲、从保留水乡特点上讲也不能填"。故填河一定要慎重。

再就是1957 ～ 1965年期间，"在平门、相门、新开河、柳枝河东13等处，凿开城墙，引外城河水入城内河道"，加大流量，冲刷污水。

在整治河道的同时，工业污染日趋严重。新中国成立以来，虽然做了一些引水、疏浚、修理驳岸的工作，但由于治河工作的随意性较大，如大规模的填河、没有治理污水的措施，再加上自然气候的变化，历年雨水减少等原因，内城河变化较大，水环境在不断恶化。

a.河道减少。城内河道总长由新中国成立初的44千米减为38千米；河道变狭，"一般平均只为5米左右"。

b.流量减小、流速减慢。新中国成立后"望虞"、"太浦"二河修成，成为上游运河及太湖水的两条重要泄水通道，直至长江、黄浦江，还有望亭发电厂日抽运河水120万吨，用后直接从望虞河排出，这就大大减少了水源。

苏州本来就地势平坦，东西水位落差甚微，仅十万分之一，流量减少后，流速急剧减慢。全城虽有齐、平、阊、胥四门进水，盘、葑、相、娄四门出水，却无流速可言，当时市区河道水体的现状犹如"一潭死水"。"我们以简易浮标法测知表面流速仅为0.03米/秒。据此计算，从长船湾出葑门的一条河水全程的流经时间则需时16天"，"甚至还有完全断流的地方"。

c.水体污染加剧。随着生产的发展，工业废水、生活污水的排放量成几十倍的增加，而河水水体非但没有增加，且水位下降，流速减慢，流量减少，河水净化能力下降，致使“水体脏的情况，城内河道逐年在恶化下去”。

②“文革”时期（1966～1976年）

1966年开始，否定了以前市政建设所取得的成绩，认为以前“推行了一套修正主义的城市建设路线，妄图把苏州搞成一个泛滥着封、资、修毒素的为极少数人服务的风景旅游城市，搞成一个小桥流水式的东方威尼斯。因此城市建设必须坚持平战结合，以战为主”。在这一思想的指导下，河道治理办公室机构撤销，人员调离，河道整治工程中止，长期处于无人管理的无政府主义状态。具体表现如下。

河道长年不疏不修。长达十年，仅组织了一次小规模的河道疏浚与整修。即1974年，清除河道淤泥1万余立方米，整修十全河、临顿河等河道驳岸4千米。

居民及单位任意向河中倾倒生活建筑垃圾、污水脏物。年长日久造成河床淤积严重。

工业废水、生活污水以及医院病原体污水和化粪池的粪水均由下水道排入河里，严重污染了水源。

部分河道被改为简易人防通道。1970年将北寺塔河、干将坊河改建为人防工事。北寺塔河完成其中香花桥至保健路口一段，长422米，1519平方米，干将坊河完成其中言桥至太平桥一段，长1000米，1989平方米。这一做法破坏了原有水系，使三横中的两横变为断头浜，成了苍蝇、蚊子滋生的臭水沟。致使水环境不断恶化。

这一时期河道状况日益恶化水质恶化，河床浅窄，驳岸塌损，河道淤积，流水不畅。具体表现为以下后果。

河道进一步减少。河道总长由38千米减少到32千米，三纵三横水系不足25千米。除河道总长减少外，河面亦变窄，一般只有5～8米，而最狭处仅1.68米，已不成河道。河床越来越高，覆盖层厚达1米以上。由于河道狭，河床高，河断面缩小，蓄水量大为减少，约为以往的一半甚至1/4。

水质恶化。工业废水、生活污水及污物垃圾任意向河中排放倾倒，致使水面一年四季漂浮着菜叶、果壳、瓜皮等；河底积聚着碎砖、瓦砾、煤渣及其他杂物，水质恶化。经初步调查，城内工厂最多时有二百余家，日排废水十万吨，其中8.4万吨排入城内河道，又城内区级以上医院十处，日排医疗污水1800吨，此外，商业污水及化粪池溢出之污水等等，基本未经处理而排入河中。如按长年平均水位计算，城内河道容水量约12.5万立方米，而排入的废水几乎与此相等，因而水质恶化、黑臭、缺氧，“绿浪”已为“黄浪”、“黑浪”所代。

③逐步规划治理时期（1977～1986年）

此时的内城河道已从新中国成立初期的40多千米减少到32千米，而且是一潭死水、满城脏河。政府对古城河道的问题日渐重视，在详细调查了河道现状的基础上于1979年出台了《苏州市城内河道治理规划》，确立了河道的治理原则，即基本保持原有水系，贯通“三纵三横”，积极进行整治，达到“活”、“清”、“美”的要求。为此制订了疏浚维护、改造拓宽、机械换水、污水处理、河岸美化、河道管理六条治河措施。

河道疏浚与驳岸维修

政府加大力度，对内城河进行全面疏浚和维修，共疏浚河道60多千米，新砌驳岸200米，修理驳岸近3000立方米。

结合疏浚，开挖河道，打通水系。一是拆除堵塞河道的“人防工事”。北寺塔河人防工事1980年开始拆除，到1982年基本完工；干将河人防工事也作出了拆除计划，原计划1985年前完成。二是开挖部分被填掉的河道。如1977年发动群众开挖被填塞的“西北街河自人防口至跨塘桥（齐门路）段”，全长540米。

兴建泵站，实行机械换水

1977年，在学士街莲花桥西建新开河泵站。1979年在闾门外聚龙桥堍建阀门泵站，在齐门水关建齐门泵站。1984年在盘门、娄门、北园等处建造3座防汛泵站。1985年在尚义桥北建汛换水两用泵站1座。

新建的7个泵站再加以前的葑门泵站把城内划为3个河道换水区域。城北区，由尚义桥、齐门泵站进水，由北园、娄门泵站出水，冲换第一横河、第二直河、第三直河和平江水系各河道河水；城中区，由闾门泵站进水，经相门出水，冲换中市河、学士河、干将河河水；城南区，由新开河泵站进水，由葑门、盘门泵站出水，冲换第一直河、第三横河河水。1981年就通过泵站换水“2800万吨”，初步使水变活，从而使内城河流速慢、流量小的局面有所改观。

治理污水

治理污水的根本措施是埋设污水截流管理，使污水进入污水管至处理厂，处理后排放。1979年起，规划实行雨水、污水分流，建造污水处理系统。污水管道从1980年开始铺设，到1985年铺设了干将路（相门桥至顾家桥）、道前街、东大街、竹辉路（人民路至乌鹊桥弄）、人民路北段（原平门路）、人民路中段（察院场至接驾桥）、范庄前、平江路（大儒巷至于将路）等总长5.5公里的污水管。同时还兴建了日处理污水35000吨的城西、城南、城东三个污水处理厂。

治污的另一措施就是调整了工业布局，搬迁了部分污染严重的工厂。这项工作1980年开始启动，到1985年“已停、并、转企业52个，近期内计划对有严重污染的工厂将继续搬迁一部分出城”。

河道管理日益加强

从三个方面加强了河道管理。一是制订了“市区河道管理暂行规定”，使治河工作有章可依。二是加强打捞，市环卫部门有“河道清捞船十二条，对市区河道实行分段包干，打捞河面漂浮物”。三是开展宣传，除了依靠当地街道、居委会对河埠两岸居民、单位经常宣传教育外，“环卫部门的打捞船一面打捞、一面宣传，以保持河道洁净”。

这一时期在疏通理活水系、治理污染等方面有所进展，初步恢复了苏州的水乡风貌，内城河的水环境有所改善，其变化表现在如下几个方面。

河道有所增长。河道总长从文革时期的32千米增加到35.1千米。但河道狭窄的状况尚未改变，一般只有4～6米，最宽的也不过10余米，尚有不少宽度不足3米，且有若干河道没有驳岸，如盘门百花洲河、竹辉河、相门干将河等。

水量不足。实行机械换水后，流速慢、流量小的局面有所改观。但由于外城河有时流量小，在滞流的情况下，整个河水变黑发臭，这种现象时有发生，如1986年9月这种情况持续有十多天。

水体继续被污染。河道水质虽较前有所好转，但古城内仍有257家大小企业、9家医院，其废水、污水大部分排在内河，再加上生活污水等，内城河水污染仍很严重。

(5) 现代水城苏州

改革开放以后，水城苏州的发展经历了单中心城市、“古城新区”的“双星”模式、“东园西区，古城居中”的“一体两翼”的发展阶段，现在的苏州城市总体布局上采用“分散组团式”的形式，将市区划分为五个组团，组团间以绿化地带、河流、干道以及开敞空间相隔离，又以干道相串联，形成“古城居中、东园西区、一体两翼、南景北廊、四角山水、多中心、开敞”的城市形态。

四大自然湖山绿地，即四角山水。苏州现在的“四角山水”模式是联合古城周边的石湖、三角嘴、独墅湖、阳澄湖，以楔形绿地的形式引入古城四角，与古城环城绿带组成城市绿地的基本骨架。这样的水城建设模式不仅增大了城区与自然环境的接触面，为城市提供了更多的沿湖开放空间，而且同时创造了由一个连续的公园系统衔接起来的城市湖泊公园及生态网络格局。“四角山水”为苏州提供了无与伦比的风格资源和创造卓越开放空间系统的潜力，其环湖地区为城市提供了一个临水的现代化休闲娱乐空间。

近年来人们的自然观念逐渐增强，市民更加重视对城市生态环境的保护。苏州也在这种建设背景下，准备继续在古城内大力建设水绿环境。古城中继续推进水系的完善，也将会为城市带来更大的生态效益，并由此引发社会和经济效益的连锁反应。

2.2.5 山水秀美——桂林

(1) 城市建设特色

桂林市是历史悠久的文化山水名城[17]，因其独特的喀斯特地貌所形成的奇山异水而享有“桂林山水甲天下”美称。尤其是城市“两江四湖环城水系”的构建，不仅达到该城市环境综合治理的目标，还对城市旅游发展产生了许多积极的影响。两江四湖沟通了漓江、桃花江与内湖，形成了环城水系的格局，使桂林这座山水名城形成了“千峰环野立，一水抱城流”的景观形态，不仅为市民创建了一个自然景观与人文景观浑然一体的城市生态环境，而且使城市成为一个大的公园，更开辟了一个独特的水上乐园，提升了城市的旅游知名度。桂林的山水城市建设，是对传统城市空间特色的延续。而对城市水系的改造，也使得城市的特色更加鲜明。

（2）中心城水系规划方案

① 引水入湖工程规划

引水入湖工程是基于中心城内四湖地势较高[18]，无法直接与漓江进行水体交换，需要自漓江的上游将水引入中心城内的4个湖泊，使其水质得到改善，达到旅游用水Ⅲ类水质标准的要求。

引水入湖渠系的引水口位于桂林市城北上南洲头的漓江，通过7331.6米的引水渠道将漓江水引入内湖。渠系包括1544米的自然河段、3941.6米暗涵，下接已建的暗涵段长613米和隧洞段长1233米。引水渠进口底高程149.4米，进入中心城水系的底高程为147.8米，地形高程满足引水要求，可以实现引漓江水来改善中心城湖区水源的目的。引水入湖工程主要建筑物包括拦污栅、赵家桥防洪闸、沉沙池、进口控制闸、箱涵、拱涵以及隧洞等，全部实现封闭式供水，以保证引水水质。

② 四湖换水规划

要保证四湖的水质达到旅游用水Ⅲ类水质标准的要求，关键是要使四湖的水体经常更换。根据对当地的气象、环境情况分析，规划考虑四湖在10天内换一次水。结合四湖的地形条件以及与漓江、桃花江的相互关系设置换水工程，保证使湖区的水质能够得到充分交换，改善湖区水质达到要求。按满足四湖环境要求的最小流量1.1立方米/秒规划四湖的换水工程，在木龙湖北岸死水区设排水流量0.17立方米/秒的换水工程排水至漓江；在榕湖设排水流量0.11立方米/秒的换水工程排入桃花江；在杉湖东北角死水区内设排水流量0.73立方米/秒换水工程，将水排入漓江。

在正常运行情况下，湖区的换水主要以通航建筑物的耗水来实现，如果遇特殊情况则运行排水工程换水，以使湖区的水体能够始终处于一个动态的运动状态，保证湖区的水质。

③ 四湖岸坡及景观规划

四湖的桂湖、榕湖、杉湖早期已经形成，其岸坡多数是砌石岸坡，本次为适应湖区景观的要求，对桂湖、榕湖、杉湖的边坡进行局部改造，水下部分多采用直立的浆砌石砌筑，接近水面60厘米至水面以上部分采用叠石的形式砌筑，形成自然的叠石岸坡，营造景观的自然状态。对于木龙湖，湖岸边坡范围内土层主要为杂填土、素填土及红黏土。规划岸边高程分两阶，即149.35米及148.8米。高程148.8米以下为挡墙护脚并作为园林生态护岸的基础，上部为岸石、仿松桩等景观岸坡，149.4米以上为1 ∶ 2.25填土边坡并种植草坪。

四湖重新整治之后，将原来排入湖区的生活污水及雨水全部改造，排入城市污水系统，实现了湖水的彻底根治。

④“两江四湖”通航规划

通航规划是考虑将木龙湖、桂湖、榕湖、杉湖与漓江及桃花江连通，通过通航建筑物在中心城形成“经桃花江、榕湖、桂湖、木龙湖、漓江、杉湖到榕湖”的单线路或环型线路的组合。实现“两江四湖”的水系连通及通航，将再现“一水环城流”的历史风貌。通航建筑物的规划应与周围建筑、园林景观、地形条件相互协调，同时满足功能要求，按照此原则规划木龙湖出漓江口设叠彩山垂直升船机，榕湖出桃花江口设船闸，杉湖出漓江口也设船闸。

（3）解决的问题

桂林两江四湖的构建，将城市与其环城水系交融，并形成了城市独特的旅游特色。而以两江、三楔奠定的山水城市格局，使得城市的社会、经济、环境效益同步发展，并体现出时代精神、民族特色和地方风格。桂林环城水系的构建，也进一步促进了桂林市城区中心的面貌更新，从根本上改变了该区域的生态环境，完善了市中心城区的城市功能，开拓了市中心旅游的新格局，成为让市民流连忘返的休闲好去处和令国内外游客心醉神迷的风景区，获得普遍的肯定和赞美。同时，使城市原有的历史文化风貌得到了保护，得到了恢复，而且增加了许多新的文化内涵。

① 环城水系实现了水资源的优化配置

1986 ～ 1990年实施了漓江一期补水工程[19]，利用青狮潭水库补水漓江，使漓江桂林水文站枯水期流量达每秒30立方米，补水保证率为93.8%。十年来，平均每年枯水期给漓江补水1亿立方米左右，基本满足了旅游通航用水。目前，正在建设漓江二期补水工程，青狮潭水库（二期）补水工程、五里峡水库和小溶江引水工程实施后，可使漓江桂林水文站枯水期流量达每秒45立方米。根据上述环城水系布局构想，在赵家桥兴建壅水工程后，将漓江水量分流调用了14立方米/秒，但这些水量又分别从市区的木龙湖、杉湖、春天湖、象鼻山、斗鸡山等处汇入漓江，既发挥了水资源在改善城市生态环境和旅游通航条件的作用，又不影响漓江（桂林—阳朔河段）的旅游通航用水，最大限度地实现了水资源的优化配置。

② 环城水系分期实施符合桂林市经济社会发展要求

从环城水系总体布局看，可分为中心城内环水系和城郊外环水系。中心城内环水系包括赵家桥至桂湖引水渠、木龙湖、桂湖、榕湖、杉湖、西湖和漓江吴家里橡胶坝壅水工程；城郊外环水系包括：漓江赵家桥橡胶坝壅水工程、桃花江狮子岩橡胶坝壅水工程、赵家桥至庙山桃花江引水渠、桃花江肖家村至桂湖引水渠、桃花江徐家村至南溪河引水渠。环城水系建设实施步骤为：

第一期，实施五湖整治工程、赵家桥至桂湖引水工程、吴家里橡胶坝壅水工程，赵家桥橡胶坝壅水工程；

第二期，桃花江狮子岩橡胶坝壅水工程、赵家桥至庙山桃花江引水渠、桃花江肖家村至桂湖引水渠、桃花江徐家村至南溪河引水渠。

（4）获得的收益

两江四湖的建设对桂林城市的发展有重要意义：桂林市气候宜人，四季分明，丰枯水季节分明，水量既充沛又短缺，做好了水这篇文章，桂林就有了生机。通过环城水系建设，也实现江湖水系连通，起到调节城市环境用水的作用；环城水系建成后，抬高河道水位，美化城市和山水自然景观，改善旅游通航条件；通过环城水系建设，带动市区旅游基础设施的开发，为建设现代化的国际旅游城市创造条件。

两江四湖环城水系的成功改造，充分展现了山水桂林城的独特神韵，进一步提升了桂林城市生态环境质量和山水园林城、国际旅游名城、历史文化名城的整体档次和品位，促进桂林市旅游新格局的形成，为桂林城市旅游的发展注入了新的活力。

城市水系改造工程带动了环境综合整治、城市基础设施建设、旅游景区建设、文化建设，使桂林城市品位得到提升，城市品牌初步确立，城市整体面貌大为改善。水系工程的完工，也极大改善了城市中心区域的环境卫生质量，促进了旅游业的发展。

此外，城市也可以利用江湖水系的连通条件，提高城区防洪标准，并提供了城市水上旅游景观。

2.3 《南宁水城建设规划》的基本内容

2.3.1 南宁“水城”规划的基本思路

（1）规划指导思想

“水城”建设的指导思想是以科学发展观为指导，深入贯彻以人为本的思想，强调生态在治理水系中的重要作用，宏观把握构建整体的城市水网系统，营造具有民族文化特征的中国“绿城”-中国“水城”的复合生态景观系统。加快建设南宁成为区域国际大都市的步伐，促进南宁的可持续发展，构建完美的人居环境，使城市全局形象得到提升。

（2）规划总体目标

深刻把握南宁市“创三城”的总体目标，通过对城市水系的规划整理，设法将城市内部水系以及沿岸用地打造成景观秀丽的风光带、特色明确的文化带、经济复苏的产业带、人气活跃的亲水带、环境宜人的居住带以及设置完善的行洪带。

（3）基本思路

改善水环境为基本目标，满足工程技术要求的基础上，尽可能考虑环境景观和旅游通航游览需要，大力提升内河水系重要形象和价值。

从城市总体格局出发，优化和完善内河沿岸两侧土地使用的功能、空间形态，提出带动内河沿岸土地集约和高效利用、景观生态环境良好的土地开发控制总体思路、策略与模式。

加强内河水系两侧土地储备工作，把城市水环境综合整治中调整出来的土地包括国有存量土地和新增建设用地，统一纳入政府土地储备库（建议下一步开展具体专项规划研究确定）；为内河沿岸土地开发建设和招商引资提供科学的指导依据。

（4）概念主题与形象定位

南宁“水城”旨在通过一个整体的水环境治理，实现沿岸用地功能的适度分配，强调沿岸景观建设的目标。在开放式建设原则的指导下，努力实现多层次利益集团的和谐共生和可持续发展。在这样的指导下建设的城市将会是活力四射、景观优越、自然与人文共赢的城市范例。其概念主题与形象定位有如下几个方面（图2-11）。

图2-11　生态、文化、活力、魅力水城

生态水城：生态治河；水系与绿地相依的网络绿色空间；

文化水城：独具特色的民族和地域文化展示平台；

活力水城：生机与活力激扬的城市公共活动空间；

魅力水城：作为区域性国际城市，形象与内涵交融的城市特色标志空间[20]。

2.3.2 《水城建设规划》中的水网规划特征

南宁水城水网规划结构可以简单地概括为一江、两库、两渠；六环、十八河、八十湖。其中湖泊面积约为12.08平方公里，包括5个大湖，23个中湖，52个小湖（图2-12）。

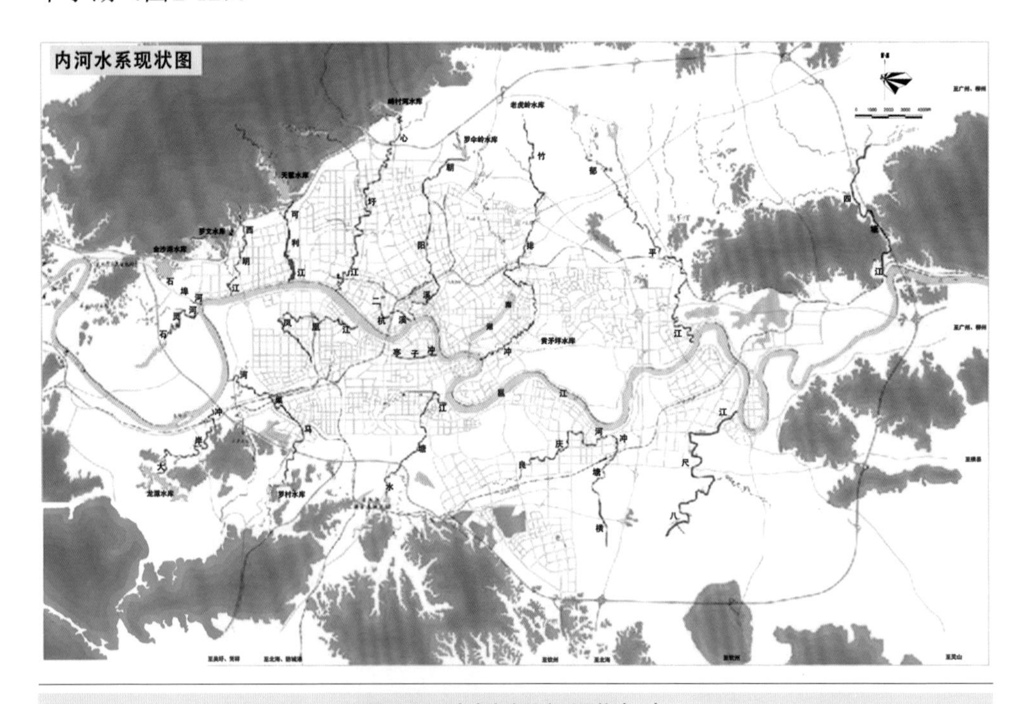

图2-12 南宁市内河水系现状（一）

（1）选线方案基本原则

以补水功能和生态效益为主，兼顾经济效益和社会效益，注重发挥其综合效益；满足行洪排涝要求的基础上，尽可能将各内河连通，同时满足景观、通航游览等要求；采用补水渠与连通运河分离，形成两套单独系统，以保证补水水质；充分结合现状及已批项目情况，尽可能减少征地拆迁和对已有规划的影响，减少工程建设成本；立足长远，远景结合，充分考虑工程实施后能节约运行、维护费用。

（2）选线方案示意

① 全线补水选线

内河补水方式的确定分为近期及远期。

近期：江南片区大岸冲、马巢河、良庆河、八尺江、四塘江、那平江及江北片区竹排冲利用水库进行补水，可利江、心圩江等其他河流均需设抽水泵站抽取邕江水进行工程补水。

远期：江北片区规划石灵河、石埠河、西明江、可利江、心圩江、二坑溪、朝阳溪、竹排冲共8条内河需要从老口水库引用优质水源补水，总引水流量17.5立方米/秒；江南片区规划凤凰江从老口水库引水或引用马巢河上游水库和大岸冲上游龙潭水库对马巢河、凤凰江进行联合补水；五象新区近期采用大王滩灌渠补水，远期与江南区域内河水系实施老口水库引水补水，也采取远近结合、分期实施的方式；江南区域远期从老口水库引水补水总流量8立方米/秒。其中：马巢河、凤凰江2立方米/秒；水塘江2立方米/秒；五象新区4立方米/秒（图2-13）。

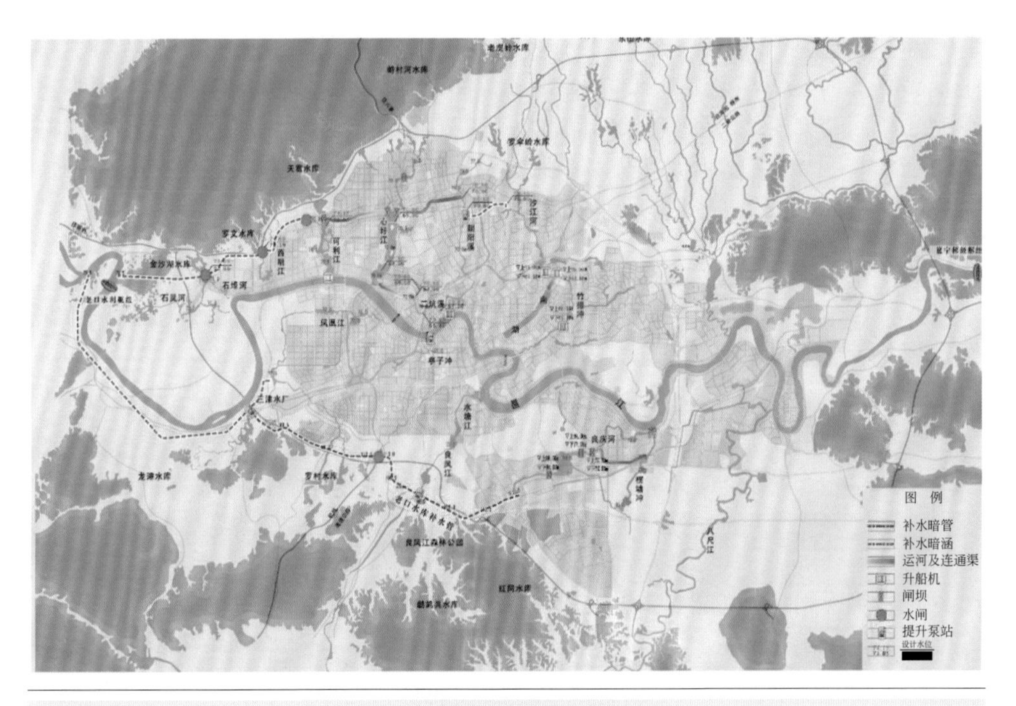

图2-13　南宁市内河水系补水选线方案

② 江北补水工程选线

江北补水工程全长约23公里，主要开通了可利江-心圩江、心圩江-朝阳溪、心圩江-二坑溪的运河及连通渠（图2-14）。

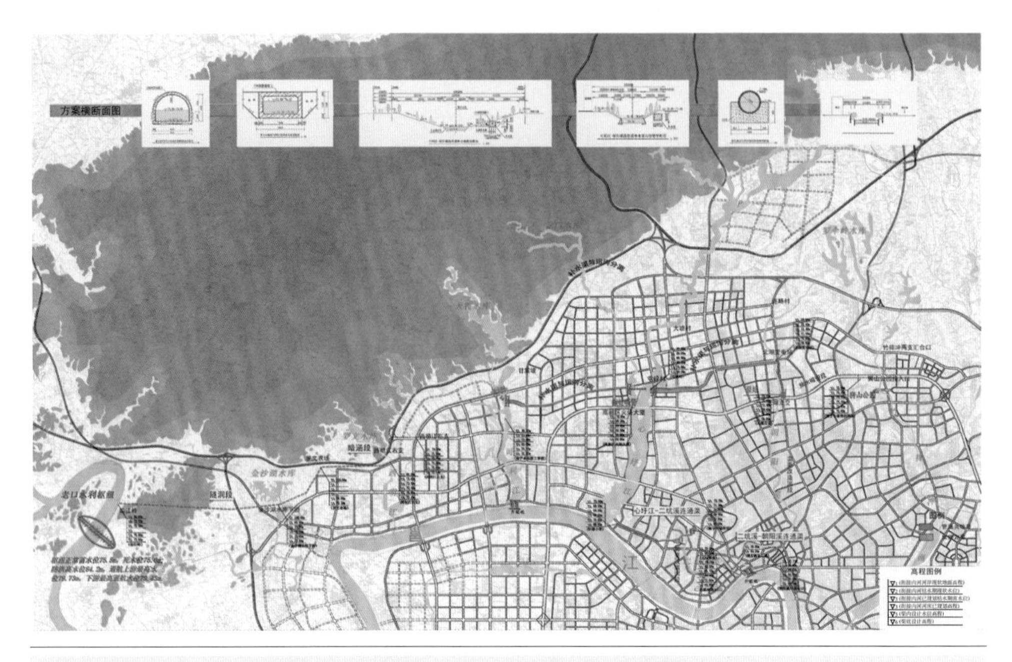

图2-14　南宁邕江江北补水工程选线方案及断面示意

远近结合，近期可利江-心圩江实施联合补水工程，在可利江与邕江出水口设置抽水泵站，通过抽邕江水进行补水，两江规划水位都按照70.8米进行控制，实现两江自流补水；同时也充分考虑远期与上游老口水库补水工程的衔接，远期补水渠与连通渠分离布置（图2-15）。

图2-15　南宁市内河水系现状（二）

补水方案调整内容为：取消可利江、心圩江、二坑溪单独补水工程的泵站和管线，调整为扩建可利江补水泵站，增加抽水流量，采用三江联合补水，由邕江通过提升泵站向可利江补水，由可利江通过连通渠向心圩江补水，再由心圩江通过连通管向二坑溪补水。根据水资源平衡分析，确定从邕江分时段抽取流量为5立方米/秒水体入可利江，然后由可利江补入心圩江，由心圩江补1.6立方米/秒流动水体入二坑溪（图2-16）。

图2-16 初见补水成效的可利江相思湖

③ 江南补水工程选线

五象新区近期采用大王滩灌渠补水，远期与江南区域内河水系实施老口水库引水补水，也采取远近结合、分期实施的方式；江南区域远期从老口水库引水补水总流量8立方米/秒。其中：马巢河、凤凰江2立方米/秒；水塘江2立方米/秒；五象新区4立方米/秒。

2.4 “水城”建设对城市产生的影响分析

2.4.1 对空间结构的影响

自然环境因素从古至今都对城市空间结构形态的拓展和演变有着举足轻重的影响力。水系因子是自然环境因素的主要部分，由于在城市各个发展阶段河流水系主要功能的差异，对城市的形成和形态的演变有着深刻的影响。从南宁建城至今城市空间布局的演变，从水与城的关系入手，南宁城市空间形态上经历了点状生成时期、带状拓展时期、单中心放射状拓展时期、单中心圈层拓展时期、集中分片区拓展时期，未来将迎来网络有机优化时期。在古代，南宁依托古城、依水而建，整个城市基本处于低速发展时期，城市空间呈“点”状结构形态；1949年前，在南宁“码头时代”的背景下，南宁城市空间已从原来集中紧凑的点状沿邕江北岸向东西方向伸展开来，这种城市空间布局能更好地靠近水系，促成良好水上运输的条件；新中国成立以后，这个时期，作为区域性经济、政治、文化中心，南宁为了适应经济发展需求，在交通设施的引导下，南宁的城市形态已经由初期的临水带状发展特征逐渐转变为沿铁路和公路为主的交通干道轴向及临水型轴向并重的发展特征，弱化了水系对空间结构的影响；20世纪90年代，南宁市的改革开放和经济建设进入一个历史上前所未有的黄金时期，这个时期在政策经济导向下强调了分中心的战略，埌东新区建设深远地影响了南宁整体城市用地空间布局，但是随着城市快速环和高速环的兴建引导城市向东西南北各个方向的仍是过分均衡的“团状”扩张；2000年以来，作为环北部湾重要城市，南宁经济发展与城市建设取得突出的成绩。南宁城市的发展达到了历史上的最快速度，在建成区范围方面和各类用地方面都以空前的速度扩展。在城市环境建设方面，南宁市全面实施“136城市亮化工程”、“中国绿城”、“中国水城”等建设，在该政策的推动下，南宁城市的发展达到了历史上的最快速度，在建成区范围方面和各类用地方面都以空前的速度扩展，在城市空间上，从“南湖时代”真正走向“邕江时代”。城市空间圈层布局有了很大的变化，即南宁城市用地从单中心向多核心布局模式演变的发展趋势。南宁以“城市布局采用团状分片区结构形态的发展重点”作为战略突破口，推动城市的拓展，这是城市规划多核心模式在南宁空间条件下的具有运用。并且2008版规划中尤其强调生态方面的要求，水网和绿网的建设，建立起城市生态绿地网络，形成城市与自然相依的良好城市内部环境。

可见“生态网络”越来越成为制约和影响南宁城市空间拓展的重要因素。未来南宁城市空间拓展模式应该是建立构建完善的生态网络作为城市空间拓展的前提，实现南宁紧凑的建设用地与有机的生态网络的合理安排。基于南宁生态资源的整合，利用水系形成水与绿相融的“生态网络”为骨架，推动着南宁城市形态向依托“水”、“绿”的网络状组团式布局形态发展，才能有效地阻止城市“摊大饼”式无序蔓延。

2.4.2 对滨水空间的影响

在水城建设规划思想指导下，南宁将从邕江上游水库引水进入南宁市区，构建“十八清流、八十湖”的城市水网结构，这在某种程度上深刻地丰富了城市绿网的复合功能，同时也使得滨水空间不断增多。从城市整体结构看，水系作为一个主导要素嵌入到城市结构形态后，必然导致整个城市空间结构的改变；从规划设计的角度看，由于水系网络构建带来原总规划中滨水空间的增加，在对其进行规划设计时，既要对水体自身整治、滨水区绿地系统以及公共开放空间的建设以及滨水居住环境改善给予足够的重视，同时又不能忽视滨水空间的整体性和城市形态的延续性。然而，当前我国大部分滨水区的开发建设都是依据城市规划部门制定的控制性详细规划，在划分的用地范围内展开专业设计，这种专业设计立足于各自的研究领域，缺少对于它们之间相互联系层面的考虑，如有些仅仅从狭义的景观层面来处理滨水区的开发，只是规划有大片的绿地和滨水商业建筑，而缺少了地域特色与文化底蕴（图2-17），缺乏融合城市肌理，继承城市文脉的理念，使滨水建筑与开放空间各自存在，缺少有机联系，这样的滨水空间开发无论从功能定位还是规划设计方面都尚待改进。尤其对于南宁这样一个水城特色十分明显，地域特色十分突出的城市，如何在水网格局构建的基础上利用广西特有的南亚热带气候和多元文化特征，创造出传统风貌及现代特色并存的滨水空间环境，急需从整个城市功能的角度出发，对整个城市滨水空间进行系统规划设计研究。

图2-17　多元文化交织的南宁

2.4.3　对城市旅游的影响

（1）城市特色文化得到提升

“亚热带岭南水城文化”即是南宁水城旅游开发需提炼的城市特色文化。纵横交错的城市河流水网，水绿交融的滨水公共空间，融合岭南传统建筑的露台、敞廊、骑楼，这些元素共同构筑了水城文化的物质基础，以壮乡多民族文化为精神内涵亚热带岭南水城文化[21]，见图2-18。

图2-18　青秀山霁霖阁亚热带岭南文化

通过南宁水城建设，疏浚贯通城市内河水系，整治河道环境，营造岸绿景美的城市滨水环境和水绿交融滨水公共空间。南宁的传统建筑沿袭岭南建筑一贯的简练、朴素、淡雅的风格，由于南宁地处亚热带，气候湿润，潮湿多雨。因建筑通风采光需要，室内空间通过露台、敞廊、骑楼等建筑构筑物向外延伸，使建筑室外空间得到了很好的衔接。这种建筑风格可以很好地将建筑室内空间的固守、严整与滨水公共空间的开敞、通透相结合，营造一种独特的岭南水城滨水建筑模式[21]。在这些独具特色的水城物质基础上，进一步挖掘壮乡民族文化，最终使南宁特色的水城文化得到提升。

（2）水城生态特质更加凸显

由滨河绿地、生态湿地、道路绿化等开敞空间来营造的水城生态特质，这些开敞空间将城市周围山体自然风光引入城市，增强城市与大自然的有机联系，形成“山水相依，水绿交融”的生态网络系统。

要实现城市生态网络中生态流的自我循环，以最大限度地减少对外界资源的“掠夺”和对不可再生资源的依赖。应尽量利用道路绿化廊道、滨河湿地公园等现有绿色开敞空间，辅以因城市内河补水而专门开辟的水系通廊，这些生态廊道将现有的和规划的城市公园、滨河绿地、南宁周边的山体相连接。

通过城市水网规划（图2-19），打造南宁城市“水系生态网络”。首先引“水景树”这一概念，水景树是以城市主要河流为“主干”，以城市内河直流为“枝干”，城市水系呈树状形态。“水景树”是营造城市“水系网络”的第一阶段[22]。南宁城市“水景树”以邕江水系为“主干”；以心圩江，可利江，南湖水系，良庆河，良凤江，八尺江为“枝干”；以城市中的大小湖泊为“树叶”。利用亚热带植物花草和能够体现壮乡水城文化内涵的景观小品来装扮水岸空间，形成亚热带风光的滨水生态廊、壮乡风情的文化长廊。并在此基础上利用城市道路生态廊道和水系生态廊道来串联“枝叶”，逐步建成并完善生态网络，营造水城生态特质[21]。

南宁水城生态网络的构建最终形成水绕城，城依水，水城森森的景象，充分利用水城得天独厚的水网自然条件完善生态。

（3）水岸景观丰富多样

邕江水系作为开放性带状空间，很好地展示了城市景观空间序列，是南宁城市的一条重要的发展轴线。城市滨河景观是一种独特的线形景观，是形成城市印象的主要构成要素，在城市中极具景观美学价值。以亚热带植物为主的滨河绿化，植物色彩丰富，品种繁多，为河岸景观的营造提供了绚丽的“背景”及视觉享受（参见图2-20)。在“枝状”分布的大小水系中，河岸及其背景构成的区域，是构造城市风光独特的自然景观元素。另外，河流堤岸的竖向特征决定着河道的景观敏感度，具有较强的视觉冲击性，河流堤岸景观建设有助于城市形象的改变与提升，强化地区和城市的可识别性[23]。

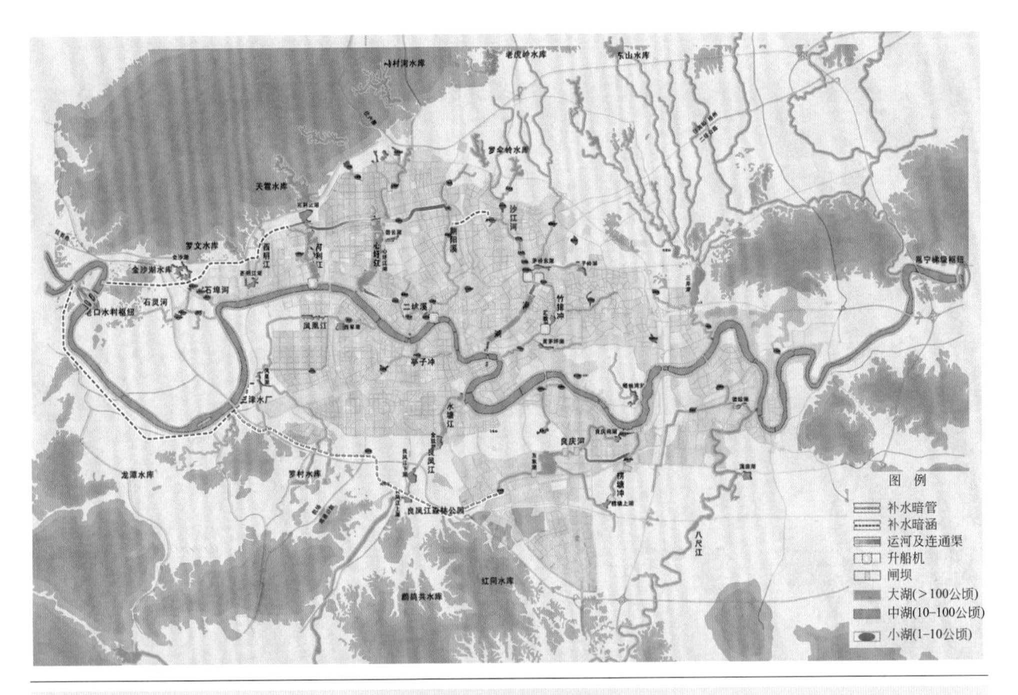

图2-19　南宁市水网规划

（资料来源：参考南宁水城规划文件改绘）

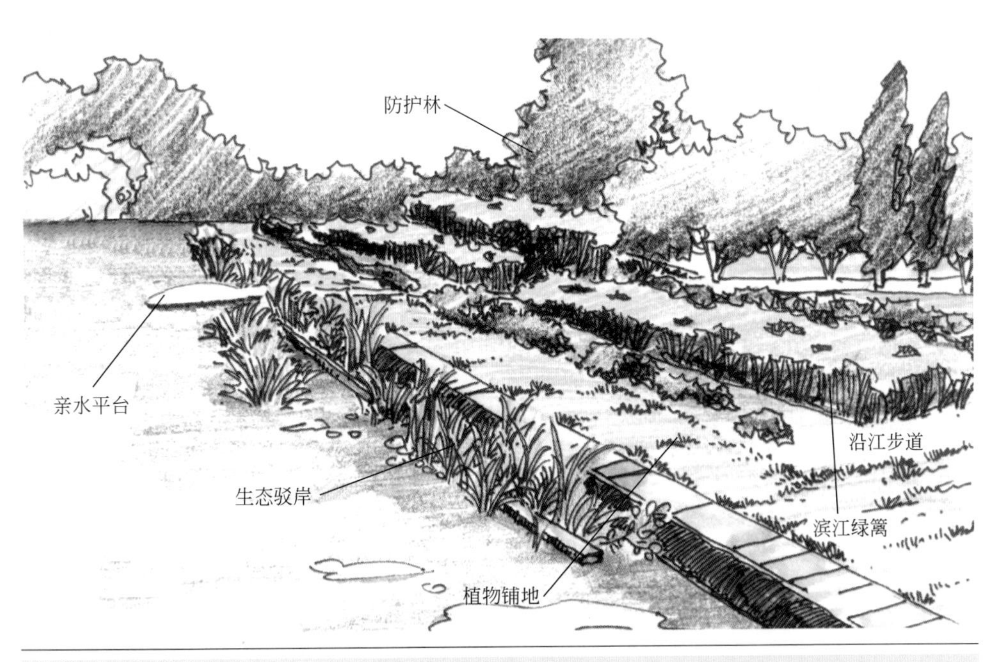

图2-20　滨水生态设计示意

南宁水城建设为城市增添不少景观丰富的滨水空间，这些滨水空间作为城市空间的重要部分，吸引人们驻足向往。南宁市邕江亲水步行平台广场（图2-21，位于邕江一桥与北际南路之间）很好地将滨水空间渗透到市民的生活，它为市民提供一个集会性、活动性、休闲性、观赏性的城市公共空间，其包括滩涂亲水平台和高架平台两部分。高架平台具有较开敞的视野，可供市民和游客驻足观水、倚岸赏景；而亲水平台则为亲水、戏水提供空间，它是城市游憩活动最频繁的地带。秀美的江水、新鲜的空气、愉悦的鸟鸣，吸引着人们前往体验，开展各种亲水性活动。包括静态的垂钓、驻足观赏和动态的散步、表演、戏水等[24]。邕江亲水步行平台广场正好满足了人们亲水的情感需要，河流对于人类总是有一种自然的、内在的亲和力。

图2-21　邕江亲水步行平台广场民生广场

（4）水岸空间明显增多

不管是从社会文化还是从经济产业考虑，都应注重对城市功能多样性的保持与塑造，从而充分满足人们多元化的需求。传统规划讲究明确功能分区的做法是不利于城市多样性培育的，往往在功能较为单一的地区（图2-22）如城市近郊、经济产业开发区等地方，总是缺少活力[25]。南宁城市滨水空间其承载着发挥生态服务和满足居民悠闲游憩需求，是多样性较为显著的区域，为此在城市空间品质的提升中，需对此积极强化。其中重要的就是保持水岸空间的公共性与多样性，为此在土地使用功能，需讲究混合性，在规划用地布局中需将娱乐、休闲文化、商业、旅游、公共活动及生态居住、商务办公有机结合[21]。

南宁有着厚重的历史文化积淀，在城市空间的数次扩张与更新中，城市滨水空间承载了众多代表南宁人文生态的符号。同时其也成为感知南宁城市空间意向的重要区域。为此在南宁水城的建设中，需特别注重对具有悠久历史文化的水岸空间进行保护与提升，以传统人文和地域生态为核心，通过对岸线、滨水休闲设施、桥梁、码头等节点空间的塑造，同时充分结合植物绿化塑造景观和沿岸街道形成城市风貌，充分体现出的地域性的人文历史（图2-23）。

图2-22　南宁沿水岸用地功能单一

图2-23　南宁滨水岸线的地域性人文历史元素

滨水区公共空间生态规划运用生态整体优化理论来指导，通过分析能量流动和物质循环的规律，城市资源的合理开发和利用可以通过人为调节来实现[26]。南宁滨水生态空间作为城市居民与其他生物共同栖居的场所，应尽显原生态和谐之美。城市滨水区是自然与人工结合最为密切的区域，在这里各种生物种群与非生物环境相互依存、相互制约。为保护城市滨水生物的多样性和生存环境的完整性，在对滨水生态空间进行规划设计时应贯彻自然生态优先原则。还原滨河空间地表下垫面的通透性和原质性，滨水生态空间应尽量使用透水性硬化路面，或采用硬质铺装与绿化结合的半透水性铺地。为丰富滨水空间形态，滨水空间绿化可适当引进外来树种，以保持本土植物的延续和丰富物种的多样性，并为动物和微生物提供生境[21]。

2.4.4　对城市建设用地产生的影响

目前南宁水城建设中城市建设用地形态相对单一，多以居住功能为主，仅包括少部分商业、教育、医疗等用地功能，显得造成滨江地区活力与动力不足。南宁水城建设为沿江地区注入新的城市功能，增加文化产业、服务业、金融商务、旅游等产业形态，形成功能综合区，成为沿江经济发展的“磁极”，辐射带动周边地区的发展。

（1）对公共服务设施用地的影响

根据国家《城市用地分类与规划建设用地标准GBJ 137—90》，公共服务设施用地也被称为公建用地，是与居住人口规模相对应配建的、为居民服务和使用的各类设施的用地，应包括建筑基底占地及其所属场院、绿地和配建停车场等。公共服务设施用地可以分为居住小区级或小区级以下以及居住区级两个级别，前者用地类型隶属于小区也就是居住用地，即R类。举例来说，可以包括居住小区内部的派出所、居委会、邮政局、银行、公共服务站、超市、中小学、幼儿园等用地。后者用地类型隶属于公共设施用地，即C类。举例来说，可以包括居住区及以上级别的文教体卫设施、科研机构、经济、行政功能设施用地[27]。

水城建设对城市公共服务设施用地产生的影响可以体现在城市中心区和滨水地区。

南宁的滨江中心区，除了自古形成保留的各种人文古迹，及近年建设的江南江北两条沿堤景观大道，沿江建筑显得陈旧而缺乏规划，更多是呈点状分布，尚未形成流畅的景观休闲地带（图2-24）。而相比桂林、柳州，还是已经称为中国南方水城的广州，以及闻名于世的上海外滩十里洋场，香港的香江沿岸等等，许多拥有宝贵水资源的城市，无一不以水岸中心区域作为城市代表区域进行重点美化建设，打造成为城市最繁华的中心区及经济商圈展示区。

图2-24　部分沿江建筑陈旧缺乏规划，尚未形成流畅的景观休闲地带

公共服务设施用地功能提升、用地优化配置、土地经济效益凸显，城市总体环境质量和土地价值增长，居住、旅游、休闲娱乐等产业发展繁荣。通过改善投资环境，推动城市综合竞争力迈上新台阶，一些沿岸原有工业用地因其周边环境的提升转变成居住用地（图2-25）。

（2）对室外公共空间布局产生的影响

全面完成中心城区内水系整治及环境建设，水体空间布局均衡，达到“千米见水、两千米见湖”的景观效果；水体与绿地比例协调，形成水绿交融的独特风貌。从而使南宁呈现绿依水、水绕城的独特城市形象。从而明显改善南宁市生态环境，形成良好的生态系统，人居环境得到明显提升。水体亲水性良好，市民享受更多公共空间（图2-26）。水文化复兴繁荣，以水为主题的活动丰富多彩，全社会形成亲水、乐水、惜水、节水的良好氛围。全面提升广西首府形象，对南宁建设区域性国际城市和广西“首善之区”具有重要意义。

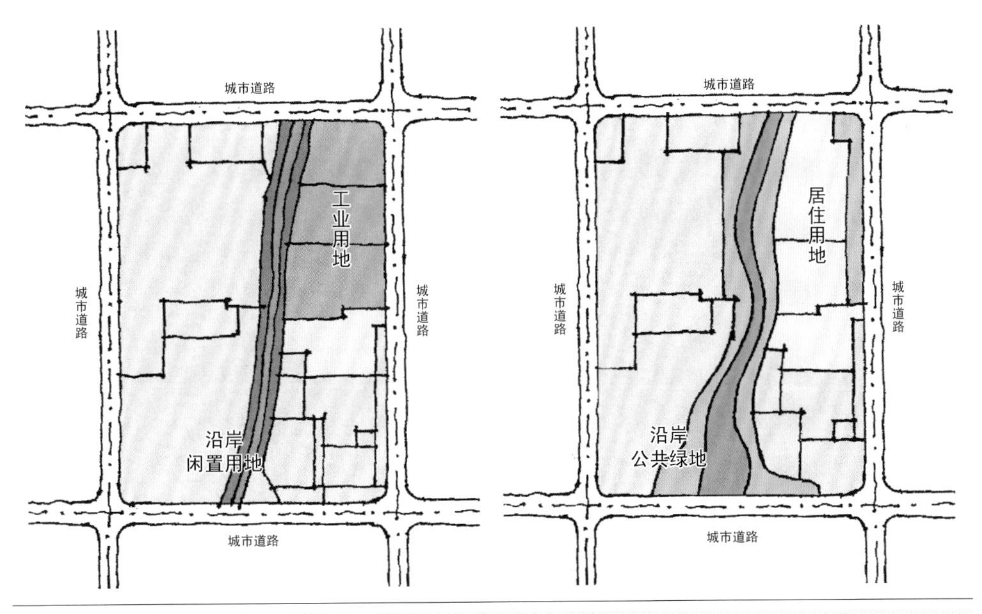

图2-25　水网规划后产生的用地变更
（资料来源：作者自绘）

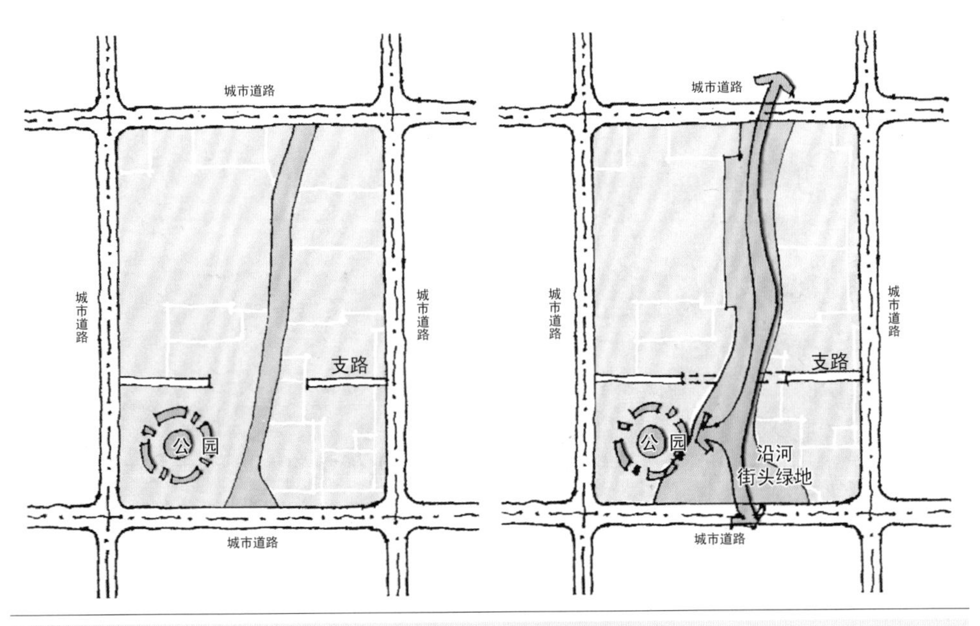

图2-26　水网规划后产生更多景观绿地
（资料来源：作者自绘）

（3）新变化对用地调整产生的诉求

毋庸置疑，滨水之地缘优势不可复制。南宁水城建设的推动下使南宁最具代表性的沿江繁荣地带、滨江中心区的发展与城市同步，为城市建设增光添彩。使现代城市规划给予高起点的建设等级，其现代大气程度远超过去的南宁，为即将到来的“复兴”留足想象及发展空间。近年来借由南宁水城建设，重点打造推出的青秀山景区、南湖名树博览园、五象广场、东盟商务区等新的城市中心区，调整为步行道路，减少交通对旧城商业中心的影响，并可将步行空间延续至平台广场，强化旧城商业中心步行街与滩涂开放空间的联系。新颖的构思及规划手段将城市中心区的分布系统化，南宁水城建设充分利用了水资源展示了水文化。

在滩涂或部分堤路路段安排自行车专用道；在邕江上安排游览性的游艇和通勤性的水上巴士；合理疏解沿江道路的交通功能，改善和优化路与桥、道路与滩涂的衔接，合理增设停车设施；对轨道交通、公交线路、轮渡航线等综合布局，使人们能方便快捷地到达滨水区；多建林荫道、散步道、广场和各层次的步行道，同时运用平台、高架人行天桥、人行隧道等，让人们方便地从城市道路进入滩涂（图2-27，图2-28）。

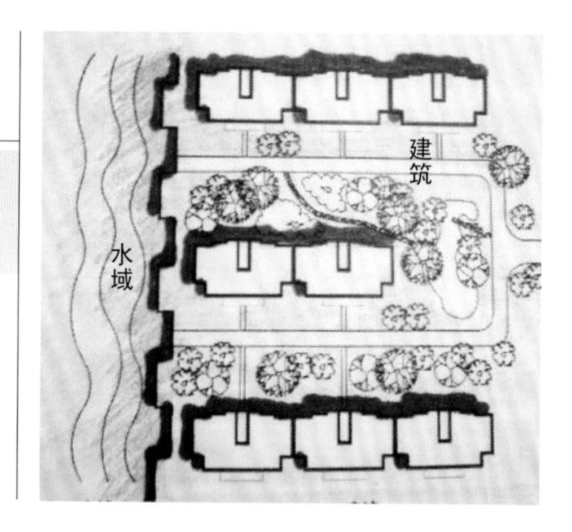

图2-27　规划前景观界面平面构成
（资料来源：作者自绘）

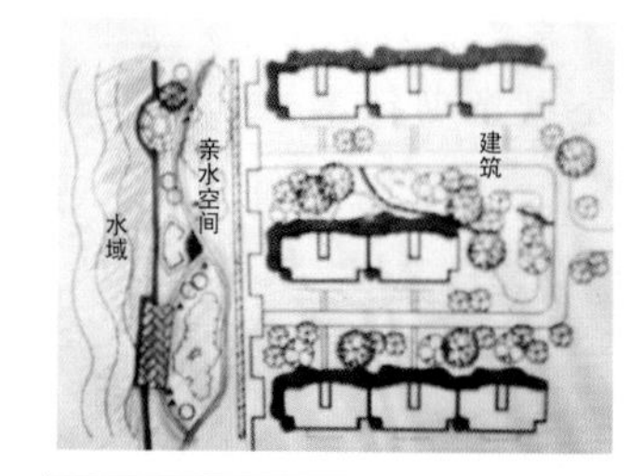

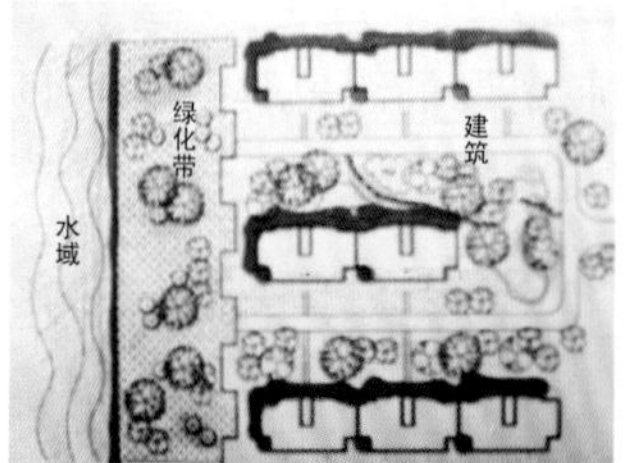

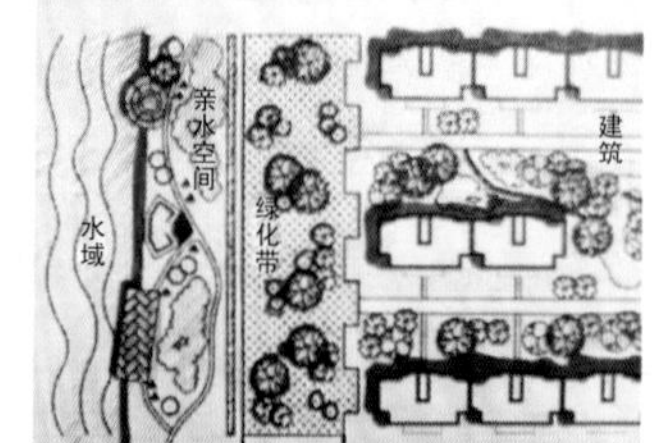

图2-28　规划后景观界面平面构成3种形式
（资料来源：作者自绘）

参考文献

[1] 南宁市委宣传部."绿城"到"水城":南宁打造生态宜居城市[DB/OL]. http://city. finance. sina. com. cn/city/2009-11-11/117545. html.

[2] 丁刚. 漫游斯德哥尔摩[J]. 海洋世界,1996,22(11):10-11.

[3] 高关中. 水上浮城——斯德哥尔摩[J]. 百科知识,2008,30(4):61-62.

[4] 人类环保之船从这里起航[DB/OL]. http://210. 29. 4. 7/wfrs_mirror/qikan/periodical. articles/ysjszsyly/ysjs2009/0906pdf/090626. pdf.

[5] 郭磊. 斯德哥尔摩——建设可持续的紧凑城市[DB/OL]. http://www. china-up. com.

[6] 天华. 世界水城之冠——威尼斯[J]. 建筑工人,2001,22(7):46-47.

[7] 孙毅. 水城威尼斯[J]. 中外文化交流,1994,3(4):44-45.

[8] 如何构建富有中国特色的"品牌城市"[DB/OL]. http://www. jianshe99. com/html/2008%2F11%2Fwa82365501411180021284. html.

[9] 威尼斯——百度百科[DB/OL]. http://baike. baidu. com.

[10] 保罗·文森佐,格诺维斯·威尼斯:实施新的索道式交通系统[J]. 建筑创作,2006,18(3):128-137.

[11] 松下润. 曼谷的城市发展及其问题[J]. 现代外国哲学社会科学文摘,1985,18(4):128-137.

[12] 王于. 东方威尼斯——曼谷[J]. 亚太经济,2000,17(6):17-19.

[13] 巢元凯. 曼谷纪行(一)[J]. 城市,1995,4(3):61-63.

[14] 杨保军. 人间天堂的迷失与回归[J]. 城市规划学刊,2007,51(6):13-24.

[15] 朱东风. 1990年代以来苏州城市空间发展——基于拓扑分析的城市空间双重组织机制研究[D]. 东南大学,2006.

[16] 陈光明,周翠娇. 建国以来苏州内城河变迁述略[J]. 湖南科技学院学报,2007,28(12):106-108.

[17] 李宏. 试论桂林市环城水系建设[J]. 广西水利水电,2004,31(1):82-83.

[18] 张向东. 水系规划在城市建设中的地位和作用[J]. 水利水电技术,2007,49(5):16-19.

[19] 阳幼生. 桂林市环城水系规划评述[J]. 中国农村水利水电,2001,43(5):46-47.

[20] 周家斌. 全力实施"中国水城"建设攻坚战[J]. 中共南宁市委党校学报,2010,12(3):1-4.

[21] 刘红生,黄耀志. 聚焦城市特色——以南宁水城建设为例[J]. 昆明理工大学学报,2010,52(10):76-80.

[22] 王云才，刘悦来. 城市景观生态网络规划的空间模式应用探讨[J]. 长江流域资源与环境，2009，18（9）: 820-824.
[23] 帅民曦，邓勇杰. 滨水空间创造流动的城市意象[C]// 中国建筑学会成立50周年暨学术年会论文集，2003 : 6-8.
[24] 呼春月. 湿地公园生态驳岸及水岸景观设计[J]. 中国校外教育（理论），2008，2（12）: 213-216.
[25] 王江萍. 基于生态原则的城市滨水区景观规划[J]. 武汉大学学报，2004，48（4）: 179-181.
[26] 黄光宇，陈勇. 生态城市理论与规划设计方法[M]. 北京 : 科学出版社，2002.
[27] 许小良. 县市域有线电视网络规划探讨[J]. 中国有线电视，2008，16（9）: 937-940.

3

以“绿城”、“水城”为核心的南宁生态网络城市空间形态

3.1 构建南宁生态网络的现实条件

南宁的“中国绿城”建设取得了丰硕的成果，近年来提出的“中国水城”的建设目标为形成南宁的生态网络奠定了基础，同时也为城市的空间拓展提供了新的视角。“绿”上加“水”，两者相互促进，实现城市绿、水与生态网络的完美结合，彰显出南宁市从“绿城”、“水城”走向“生态网络城市”的发展态势。

3.1.1 构建南宁生态网络的条件

(1) 地形地貌

南宁市为低山丘陵环绕的椭圆形盆地，邕江蜿蜒曲折流经盆地中央，邕江河谷对称呈“U”形，冲积平原沿邕江两岸分布，形成多级明显的阶地及超漫滩内叠阶地。南宁市地貌特点是以邕江广大河谷为中心的盆地形态。盆地向东开口，南、北、西三面均为山体，北为高峰岭低山，南有七坡高丘陵，西有凤凰山，形成了西起凤凰山，东至青秀山的典型河谷城市地形。

(2) 水文条件

南宁水利资源丰富，贯穿市区东西的邕江与各支流及周边水库，构成了以邕江为主干的庞大水系脉络：一是从上游老口水库到下游邕宁梯级的邕江河段及18条内河；二是城区周边水库众多，包括大王滩、天雹、老虎岭、龙门等，到2000年年底，全市共有各类水库316处，总库容21.24亿立方米[1]。

(3) 城市绿化

温和的地理气候造就了南宁终年常绿、四季花开的自然特色。从2002年来，南宁从城市特色出发努力打造“中国绿城”品牌，绿地建设有明显增长。城区绿化覆盖率达到39.80%，绿地率达到33%，人均公共绿地面积达到12.47平方米，随着城市道路的建设，一批以热带和亚热带果树为主的行道树尽显南国特色，快速环道、外环高速路、市区铁路两侧的防护绿化带环绕南宁构成生态长廊（图3-1）。另外，全国最大的苏铁园、南湖名树博览园、“花花大世界”园林产业园等大型人为种植造景的园林建设，也从不同方面展现出南国园林风貌特色（图3-2）。

(4) 自然风景资源

自然风景资源十分丰富的南宁，早在宋朝，望仙怀古、青山松涛、象岭烟

图3-1 南宁道路绿廊

图3-2 南宁园林产业园

岚、罗峰晓霞、马退远眺、弘仁晚钟、邕江春泛、花洲夜月，就是当初文人墨客评出的古“邕州八景”。随着南宁城市的建设和发展，城市新景观取代了古“邕州八景”。就南宁城市核心区来看，“青山环抱、邕江穿绕、河网密布”的自然地理特征构建了南宁“青山为屏、邕江为带、山水相衔、绿羽为脉”的绿地系统骨架。从邻近城区的大型园林和森林公园（图3-3）来看，如青秀山风景名胜区、天堂岭郊野公园、牛湾郊野公园、红同郊野公园、良凤江国家森林公园斑块等，构成了南宁中心城外围生态保育环。

图3-3 南宁大型园林和森林公园

3.1.2 南宁城市生态格局问题剖析

（1）水系统的破坏严重

虽然目前进行了内河的一些综合整治工作，但还存在一些问题：一是片面强调防洪功能，绿化覆盖率低，忽视生态功能；二是城市水面率下降，城市建设和开发仍占用湖塘等城市水面；三是很多内河工程建设对一些自然河流截弯取直，违反了河水摆动的自然规律，降低了河流的自净能力，也降低了其原有的景观价值；四是大多数城市内河采用硬质护岸，阻断两栖类生物通行，有损水岸景观的亲水性和动物饮水便利性，同时也失去了自然优美的河岸线，继而影响生物的生存环境。

（2）城区与区域景观尚未成为有机整体

城区各自然斑块之间像是城市海洋中的孤岛，相互之间缺乏联系，尤其在城市边缘区，自然景观生态过程与格局没有得到很好的维护和利用。如地处南宁市上风向，被誉为南宁市区最大的“肺”的青秀山公园，因为其与城外环境要素并没有结构和功能上的联系，并且缺乏多条绿色生命廊道与市区有机相连，青秀山公园恰如城市海洋中的孤岛，其建设反而不恰当地削弱了它的生态效应[2]。

（3）公园绿地与城市开放空间存在缺陷

城市绿地系统既是城市生态系统的重要组成部分，对改善城市人居环境起着重要的作用。而目前南宁绿地及公园系统存在一定的缺陷。滨水公园绿地较少，例如邕江两岸绿地多以林地耕地为主（图3-4），缺乏可供市民享受亲水、近水的绿地生态公园。城市内部自然绿地斑块分布不均衡、格局不连续且缺乏中小型绿地斑块。南宁市公共绿地主要集聚在城市的东部、邕江的北岸，永新区、城北区、江南区3城区只有1个公园，缺乏对市民平等地共享生态服务的考虑。从景观生态学角度来看，均匀分布公园绿地和街头游园，大斑块与小斑块相结合，有利于生态功能发挥和物质多样性的提高[3]。

图3-4　邕江两岸的耕地

3.1.3 南宁市生态适宜性分析

(1)生态评价因子

本文主要是研究水城背景下南宁城市生态网络的构建。因此，在对南宁城区进行生态适宜性分析时，把水体、绿地等自然资源环境特征作为重点调查、分析对象。根据手头上的资料，选取下列生态评价因子进行分析。

① 水域：指地表水分布状况。南宁河湖众多，水源丰富，处理好水域周围土地利用和水资源利用的关系尤为重要；

② 离河道的距离：原则上，土地开发时须与河道保持一定距离，避免河流生态系统遭到破坏或者水体被污染；

③ 离湖泊及水库的距离：这一点与河流保持一定距离的道理是一样的；

④ 自然保护区及风景区：保护好南宁市丰富的自然风景旅游资源对南宁城市建设的尤为重要；

⑤ 土地利用现状情况：现有土地利用方式表明了该土地对其利用方式的适宜度；

⑥ 坡度：坡度过陡的区域不适宜建设开发，坡度等地形因素是影响土地利用的制约因素之一；

⑦ 离断层部位的距离：在大多数情况下，在断层面两边的一定距离范围内很不稳定，建设用地应有设置一定的宽度以避让；

⑧ 地貌：即为地表形态，主要指的是地势高低起伏的变化特征；

⑨ 工程地质：建筑工程的成本与安全性受工程地质性质的影响较大[4]。

(2)生态因子的量化处理

根据以上九个生态因子对南宁区域生态环境的影响大小来划分它们生态适宜性的等级，如表3-1所示。在权重的确定过程中，首先是由专家对每个生态评价因子在综合适宜性评价中的权重进行打分，然后采用层次分析方法来确定各个因子的权重值。这种判断矩阵得到满意的一致性，数据提高其准确度。将生态因子进行一一对比，各因子权重依据两元素对准则的重要性按照标度定量化形成判断矩阵的方法来进行确定的，这样才能降低主观因素影响评判的结果。并且通过专业人员回答问卷获取这些具体数据，打分后综合得出权重。

表3-1　生态因子对南宁区域生态环境的影响

因子	适宜性纲	适宜性等级	分类条件	单因子得分	权重
水域	适宜	适宜	非保护水源水域	8	0.16
	不适宜	较不适宜	水源保护水域内	5	0.15

续表

因子	适宜性纲	适宜性等级	分类条件	单因子得分	权重
河流	适宜	很适宜	＞100米	9	0.15
		适宜	70～100米	7	
	不适宜	较不适宜	50～70米	4	
		不适宜	30～50天	2	
		很不适宜	＜30米	0	
湖泊和水库	适宜	很适宜	＞2000米	9	0.16
		适宜	1500～2000米	7	
	不适宜	较不适宜	1000～1500米	4	
		不适宜	500～1000米	2	
		很不适宜	＜500	0	
自然保护区风景区	适宜	很适宜	＞1000米	9	0.11
		适宜	800～1000米	7	
	不适宜	较不适宜	500～800米	5	
		不适宜	0～500米	2	
		很不适宜	保护区范围	0	
土地利用现状	适宜	很适宜	城乡、工矿、居民用地	9	0.1
		适宜	旱地	7	
	不适宜	较不适宜	草地	4	
		不适宜	林地、未利用土地	2	
		很不适宜	水田、水域	1/0	
坡度	适宜	适宜	＜8°	8	0.12
		较适宜	8°～15°	5	
	不适宜	不适宜	15°～25°	2	
		很不适宜	＞25°	1	
断层	适宜	适宜	＞500米	9	0.05
		较适宜	300～500米	6	
	不适宜	不适宜	100～300米	3	
		很不适宜	＜100米	1	
地貌	适宜	适宜	平原、盆地、谷地	8	0.1
	不适宜	不适宜	丘陵	3	
		很不适宜	水域、山地	0/1	
工程地质	适宜	很适宜	河流阶地亚区、Ⅰ级阶地亚区	8	0.05
		适宜	坚硬砂岩夹少量泥岩页岩亚区	6	
	不适宜	不适宜	Ⅱ、Ⅲ级阶地及残丘亚区、丘陵	4	
		很不适宜	河谷、其他	0/1	

注：随机一致性比率CR≪0.1，置信度良好。（资料来源：2008年南宁市总体规划说明书）

（3）南宁空间生态适宜性分区结果

根据对以上各个单因子的分析，得出了对各个单项因子的生态适宜性程度的分级图，这些图叠合后就构成了南宁的生态适宜性分布图，并将南宁区域范围划分为建设条件较好区域、建设条件好区域、建设条件一般区域、生态二级保护区及生态一级保护区为五个等级（图3-5）。

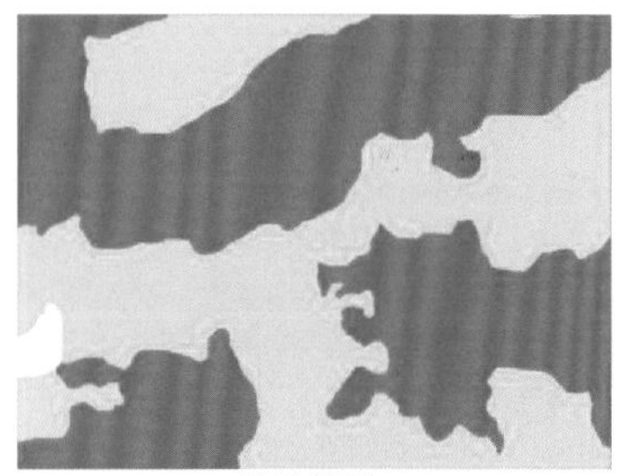

地貌因子

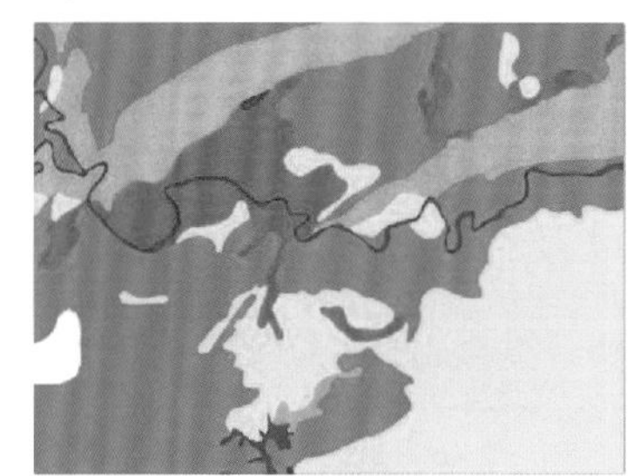

工程地质因子

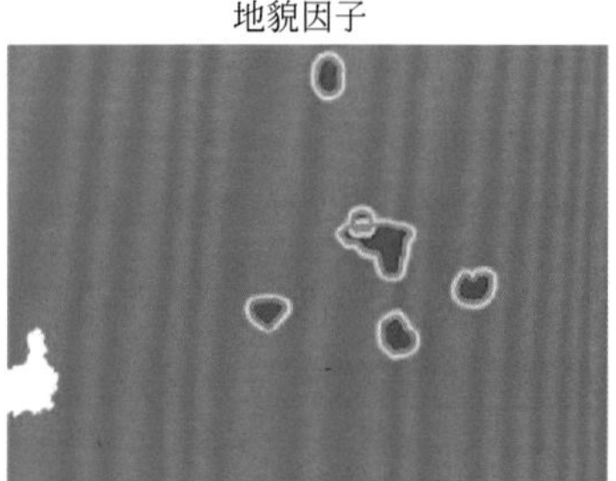

保护区因子

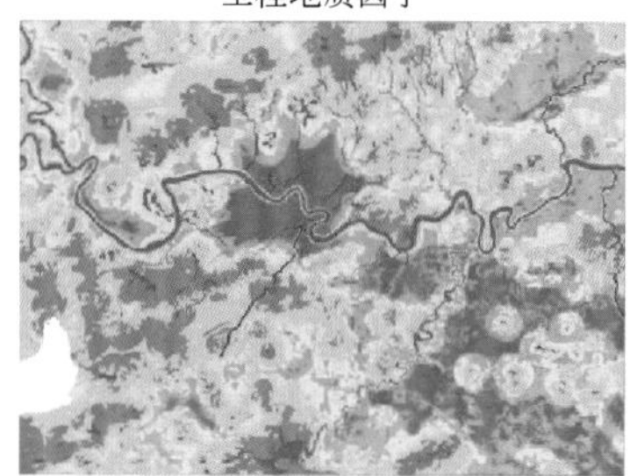

合成图

图3-5　各因子建设适宜性等级的空间分布图

（资料来源：2008年南宁总体规划说明书）

3.2　以“绿城”“水城”为核心的南宁生态网络格局

生态网络城市中生态网络的构建具有限定城市空间拓展的作用。近年来，国际范围内逐渐兴起关于城市生态网络的理论与实践研究，在此背景下，契合南宁市水城建设的时机，作为实践研究的背景，以生态网络构建方法为指导，借助城市空间的自然生态分析方法中的因子叠加法，选取南宁都市区的自然生态因子，对南宁的城市生态适宜性进行分析，得出南宁生态适宜性分区，在此基础上建立南宁景观斑块、廊道，最终形成南宁生态网络格局，引导与限制南宁城市空间拓展，使南宁市的空间在生态网络构建的影响下健康有序发展。

3.2.1　上层次生态格局的延伸与深化

任何一层次的生态网络都不是孤立的，它必须与其上一层次生态网络相衔接。本文将空间解构成城市外部空间和城市核心区两个层次。根据区位的不同和作用的差异性，上层次的生态网络主要从城市外部空间层面来谈。南宁城区外围的景区之间通过其他山体斑块和水系廊道在城市外围形成的景观外环构筑了“千峰环野立”的亮丽背景，对优化南宁城市整体生态环境起着重要的作用，我们应重视城市外围生态斑块与生态廊道的保护与培育（图3-6）。

图3-6　南宁市区空间管制分区示意

［资料来源：南宁城市总体规划（2008～2020）］

（1）外围生态斑块分析

南宁城区外围主要斑块主要由森林公园、风景名胜区、自然保护区、郊野公园等组成的大型生态斑块，主要包括良凤江国家森林公园、罗文森林公园、天堂岭郊野公园、牛湾郊野公园、红同郊野公园等。此外，南宁外围水库众多，形成许多大型水源地保护区斑块，包括位于市区北部的罗文-太平水库水源地保护区、老虎岭水库水源地保护区、东山水库水源地保护区，西部的龙潭水源地保护区及南部的大王滩水源地保护区等。如果将这些生态斑块通过城市外围交通基础设施、河流水系等生态廊道与中心城区城联系起来，达到“把自然引进城市，将城市融于自然”的效果。

(2) 外围生态廊道分析

南宁城区外围主要的生态廊道分为河谷生态廊道与交通生态廊道。以右江-邕江-郁江、左江为南宁城区外围重要河谷廊道。邕江的上游分别为右江和左江，作为主要自然生态廊道，它不仅各个支流向其汇合，而且它连接其流域沿线的各个大型山体绿地斑块。河流生态廊道和周边森林廊道彼此贯通，并尽量串联大小公园斑块，使城郊良好的自然环境带入城区，促进城区与自然的交流。外围交通廊道主要有高速公路绕城高速、G075和G050。城市快速环道廊道——绕城高速环道廊道形成“双环”交通廊道；G075是连接市区的大学路——民族大道的主要交通廊道，也是东西向生态廊道；高速公路G050也是南北向生态廊道，连接起沿线各个景观斑块[5]。

3.2.2 南宁中心城景观斑块分析

(1) 湖泊斑块分析

围绕邕江市区段、南湖-民歌广场、五象新区规划市民中心湖区、南湖、相思湖（可利江）、心圩江等城市中心区重点水域，规划“一江四湖”大型河湖主题公园，将“水”和“绿”完美地结合，同时塑造“街倚水走，水依街生”的城市景观崭新格局。由此可见，湖泊斑块（图3-7）在南宁城市规划与建设中的重要地位。

图3-7　南宁中心城区大型湖泊斑块

南宁城区范围湖泊斑块按规模划分包括大型、中型和小型三类湖泊斑块（图3-8），具体包括5个大湖，23个中湖和52个小湖，湖泊总面积约12.08平方公里。大型湖泊斑块指面积在100公顷以上的湖泊，主要包括南湖、相思湖、五象湖、心圩江湖和三岸湖等五个大型湖泊及湿地等斑块，合计面积约有620公顷；中型湖泊斑块指面积在10～100公顷的湖泊，主要包括西明江湖、凤凰江湖、良凤江湖等22个中型湖泊斑块，合计约有360公顷。小型湖泊斑块指面积在10公顷以下的湖泊，主要包括大塘东湖、大塘湖、小相思湖、北湖等。

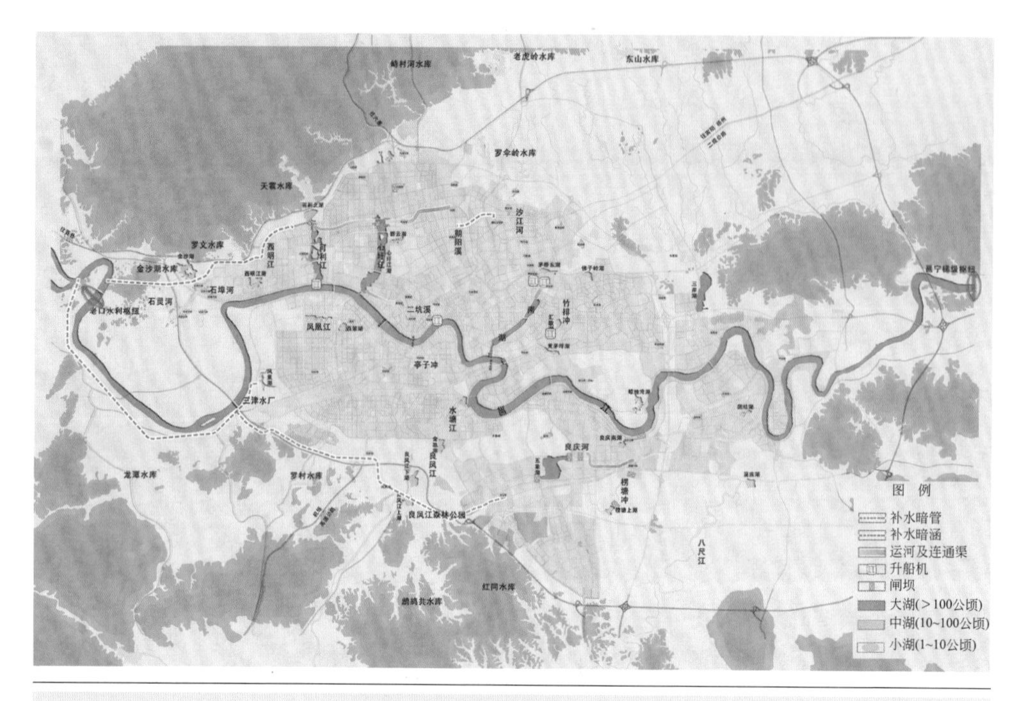

图3-8　南宁市区湖泊水系斑块分布图

[资料来源：南宁水城建设规划（2008 ～ 2020）]

（2）公园绿地斑块分析

南宁市中心城区拥有独具特色的自然山水景观和绿地生态环境（图3-9）。在南宁市中心城区绿化丰富的青秀山风景区、狮山公园和五象岭森林公园提供了城市“绿肺”的重要功能。根据城市特色及其发展定位，南宁市为建设成环境优美的“绿城”，长期以来一直注重城市绿化，优化生态环境，突出城市景观特色。同时，结合旅游业发展，利用城区内的这些主要山体因地制宜地初步建设成了部分城市山体公园和滨水公园。目前在原有的13个市区内部公园与开放空间，结合2008年城市总体规划，将新规划的相思湖公园、江南公园等6个综合公园、4个湿地公园、3个滨江公园和一个文化园作为城市内部的生态斑块。此外，市区内防护绿地、单位附属绿地、居住区绿地各级绿地等像绿岛一样点缀在城市之中（图3-10），并且在尺度上注重大小结合，能够较合理地为周边居民提供理想的休憩场所。

图3-9　南宁中心城区绿地斑块

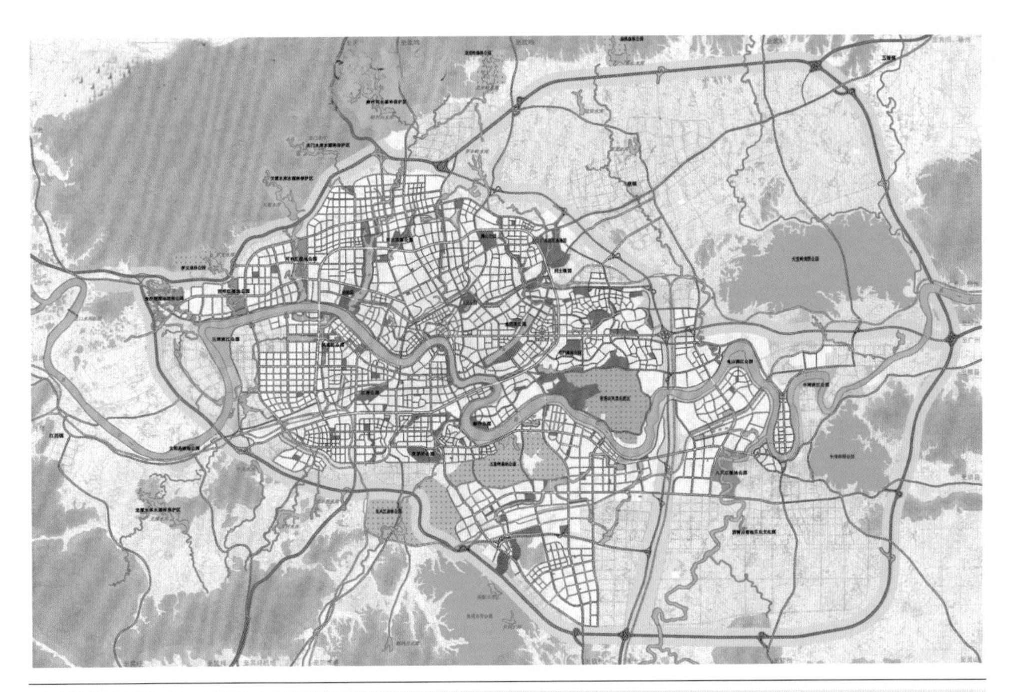

图3-10　南宁市区绿地斑块分布
[资料来源：南宁城市总体规划（2008 ～ 2020）]

3.2.3　南宁中心城景观廊道分析

（1）水系廊道分析

南宁市区河网密布，水资源丰富，是构成城市生态廊道重要的一部分。邕江除了作为市域生态廊道，还构架城市内部的生态廊道，使得城市周边和城市内部的各个主要自然斑块有机地联系。比如由竹排冲-邕江-良凤江构架成的水系廊道，将流域的几个城市斑块联系起来，包括罗伞岭水库斑块、狮山公园斑块、广西烈士陵园斑块和南湖公园斑块等。而构架心圩江—邕江水系生态廊道，将各沿线绿地斑块有机地联系起来，包括老虎岭水库水源保护区、龙门水库水源保护区和广西动物园等景观斑块，为城市提供了足够的城市开敞空间。2008年，南宁市委、市人民政府提出了建设“南宁水城”的构想，通过打造“一江、两库、南北贯城渠、五环、十八河”，让相邻水系互联互通，形成环城水系，2020年实现南宁市区内的江、河、湖大连贯[6]（图3-11）。

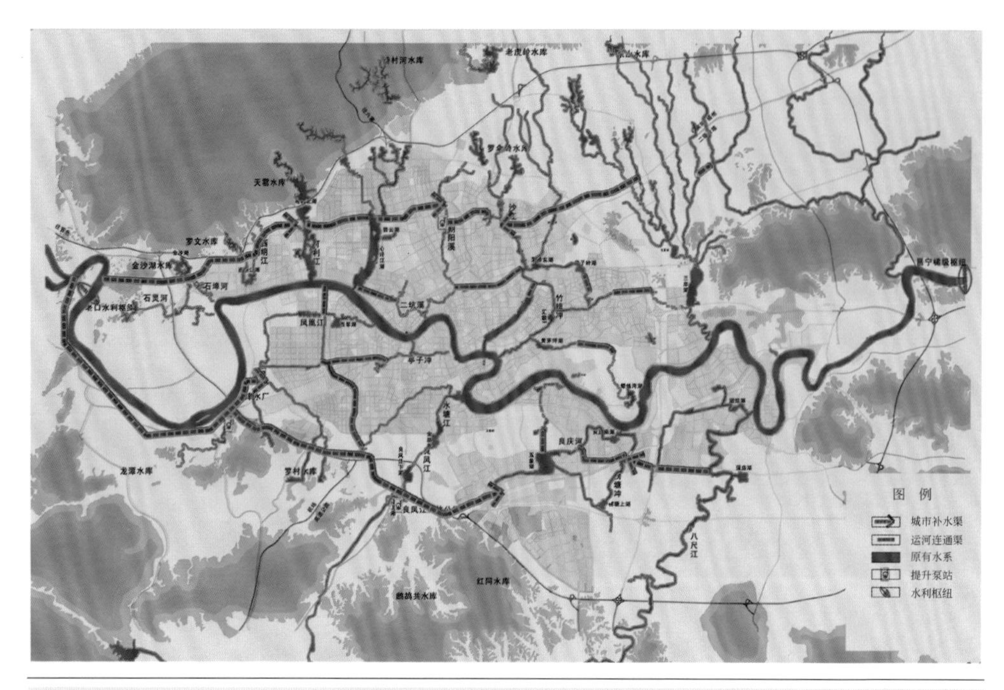

图3-11 “水城”南宁水系廊道分布图

［资料来源：南宁水城建设规划（2008～2020）］

（2）交通廊道分析

依据市区内道路系统和生态环境的现状情况，构成了“两轴、两环”南宁中心城区突出的几条交通生态廊道（图3-12）。“两轴”指贯穿城市东西向交通廊道和南北向交通廊道。其中东西绿轴是指以民族大道-大学路及其延线为主的城市东西向发展轴，是市区连接G075的主要交通廊道，使得天堂岭郊野公园斑块、石门森林公园斑块、广西动物园斑块等及沿线城市景观斑块有机地连接起来。它与邕江水网廊道基本平行，也是老城区与新建区斑块的联系纽带和城市空间发展主轴。“双环”指绕城高速环道廊道和城市快速环道廊道[7]。绕城高速环道廊道由南宁城区外围的绕城高速以及其两侧防护绿化带共同构成的城市外围环状绿带；城市快速环道廊道由秀厢、厢竹、竹溪等7条大道等连接形成的城市快速环道以及其两侧防护绿化带。

3.2.4 南宁都市区生态网络格局

通过对南宁中心城区及城市外围的景观结构分析，可以看出，中心城区内生态条件优势明显，城区周边也拥有较良好的生态背景，通过城市内外生态廊道与景观斑块相互联系，加之人工改造的生态环境与自然环境的结合，逐步形成了一个独具特色的南宁城市生态网络骨架。不同空间层面的南宁城市生态网络的构建，一方面强调如何建立城市内部生态网络；另一方面，重点是该如何建立城市内部生态网络构建与城市外部生态廊道的有机联系。目前在南宁城市发展中，仍存在一些景观缺陷。如在五象湖新区的建设中，其景观联系与区域景观尚未成为有机的整体；城市边缘带的基本农田、耕地、林地等景观要素没有得到很好的维护和利用。所以，未来南宁市城区景观结构优化的重点方向应从城市内部空间、城市外部空间两个层次入手，加强城区景观生态过程与格局的连续性，最终形成了“一轴双环多廊道”生态网络格局（图3-12）。

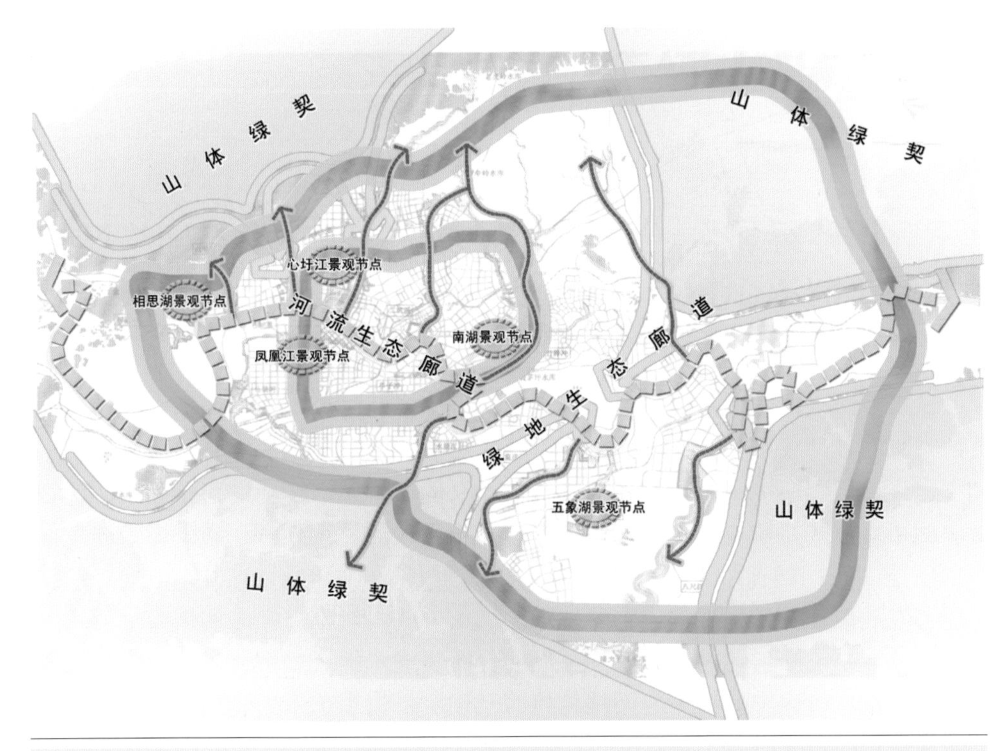

图3-12 南宁“一轴双环多廊道”生态网络格局

（资料来源：作者自绘）

“一轴”指以贯穿城区的邕江为生态景观轴，将18条内河与邕江水系连通，把邕江及其沿岸地带打造成为集生态、景观、娱乐、文化、旅游、防洪多功能为一体的现代城市滨水区[8]。

“双环”指绕城高速环道廊道和城市快速环道廊道。

绕城高速环道廊道由南宁城区外围的绕城高速以及其两侧防护绿化带共同构成的城市外围环状绿带。连接起良凤江国家森林公园、罗文森林公园、天堂岭郊野公园、牛湾郊野公园、红同郊野公园等城市外围大型生态景观斑块，它是南宁连接斑块最多的生态廊道。根据总体规划，环城区的绕城高速将按绿带宽度控制为100～300米，营造以森林为主的林带，以建设成为青山、绿岛、碧水相连的环形生态景观廊带。

城市快速环道廊道由秀厢、厢竹、竹溪等7条大道等连接形成的城市快速环道以及其两侧防护绿化带。它连接了市区主要的景观斑块，包括动物园、狮山公园、药用植物园、石门森林公园、青秀山风景区、可利江湿地公园和江南公园（规划中）等沿线绿地景观斑块。

“多廊道”包括由可利江、心圩江、朝阳溪、竹排冲、凤凰江、八尺江、西明江等邕江支流两岸绿化所形成的楔形带状绿地共同构成由邕江蓝脉向城市延展的水廊道，通过景观斑块与水城网络的良好衔接，构成了“水网”、“绿网”，预留并确实保护组团用地之间留足充分的生态廊道与开放空间，为未来南宁网络化组团式布局提供条件。

3.3 以“绿城”、“水城”为核心的南宁生态网络城市空间形态构想

城市发展以经济发展为首要目标，而其最终目的是使得人们能享受到城市发展所带来的各种成果。传统城市空间拓展模式以GDP作为增长指标，带来了一系列生态环境问题。探求一个既促进经济增长又能保护城市环境的可持续发展的城市空间拓展方式，已成为人类面对的一项刻不容缓的重大任务。未来城市的发展不仅仅是GDP的增长，还应以环境质量、生活质量和文化质量这几个方面一起作为城市发展的重要指标，突出了可持续的增长方式。对南宁未来的城市空间拓展模式来说，不能够再遵循城市空间发展的传统模式。而一定得从发展理念上寻找新视角。本章在南宁城市生态网络构建的基础上，构想了未来城市空间结构形态的宏观框架，并给出与之相对应的现实途径。

3.3.1 南宁生态网络城市的建设目标与基本理念

（1）城市空间拓展目标

南宁具有建设完善的城市生态网络的基础条件。因此，在南宁城市空间拓展中应该充分整合自然生态要素，以构建完善的生态网络作为城市空间拓展的前提，优先进行非建设用地的控制，再根据社会经济发展需求进行建设用地规划与布局，实现紧缩的建设用地与有机的生态网络的合理安排，实现将南宁市打造以“绿城”、“水城”为核心的“生态网络都市区”的目标。

（2）城市空间拓展原则

第一，强化整体自然格局的连续性。目前在南宁的城市开发建设中，破坏一些重要的自然格局连续性，就切断了自然的过程[9]。我们应该重视强化景观格局的连续性，同时维育一些关键的自然过程与景观生态格局的廊道[10]。“青山为屏、河网密布”是南宁特有的自然环境，在城市空间拓展过程中强化大型山体、水库水源地保护区等外围自然生态斑块与城市主要斑块的连接，达到城市周围的自然背景和城市建设有机结合的目的，真正实现“把自然引入城市，将城市融于自然”。

第二，维护与恢复河道的自然形态。河流水系资源被人们视为大地生命中的血脉。一直以来，维护水岸自然形态、让自然做功都是城市河道治理的理念与原则。从生态角度出发，自然的河流和滨水带为各种生物创造了适宜的生境，是提高物种多样性的景观基础。水系从蓄洪涵水角度出发，自然的河道形态、植被覆盖茂密的河岸、起伏多变的河床等都起到了减缓河水流速，降低洪水破坏能力的作用。然而，南宁的水利部门虽然裁弯取直，高筑防洪堤坝，用的百年一遇甚至五百年一遇的标准，结果还是适得其反，助长了洪水的破坏力。因此，南宁的河流水系应该根据其天然形态来维护，并保证其流域足够的自然开敞空间和廊道宽度，使得其自然生态功能得以充分发挥[10]。

第三，加强林地、湿地保护与建设。作为城市生态系统中的极为重要组成部分，林地、湿地在南宁生态网络都市建设中起着一种不可或缺的作用。南宁林地主要包括五象岭、青秀山、外围水库水源地保护区等林带，森林覆盖率超过60%。森林除了其经济价值，它的生态价值相当显著，发挥着水源涵养、水土保持、改善小气候和防护等多种生态功能。第二，湿地具有相当高的生态价值，保护湿地也极为关键，对南宁城区现存的几大湿地，目前已经规划了城区水系沿线的沙井湿地公园、心圩江口湿地公园、沙渌曲沿江湿地公园等几个专类公园。另外，中心城边缘处保持较好的河缘湿地需要要严格保护与培育（图3-13）。

图3-13　南宁市区湿地

第四，保护和利用基本农田。保护基本农田被作为可持续发展的重大战略之一。农田生态系统不只为城乡居民提供农副产品，更重要的是改善了城市的生态环境。南宁生态网络都市区空间拓展应坚持保护和利用基本农田的原则。随着科技发展和社会进步，农田的历史任务将会有所改变，从以食物生产功能向生态保护和为城乡居民提供休闲服务的功能转变。作为城市绿色基质的组成部分，大面积的农田斑块将成为城市功能体的溶液，达成人与自然、人与田园的“天地合一”。

第五，城市土地的集约使用需求。城市空间拓展必须坚持土地集约化的发展原则。1949年后南宁城市发展迅猛，城市的粗放型发展以城市空间无限制的“摊大饼式”扩展为主要特征。对于南宁这样一个人多地少的城市，土地资源非常紧张。为实现城市建设土地利用的可持续性，提倡土地的高效率开发与土地的集约利用是必然选择。通过网络化组团发展使得南宁的土地利用要相对集中、有机疏散，提高土地的综合开发效率是缓解上述矛盾的现实途径。

3.3.2 南宁“两线三区”导控格局

城市增长往往既受到阻力因素（如地理自然因素）的影响，又受到动力因素（如政策因素、交通接入条件、现状建设情况等）的影响。本书在主要探讨了城市增长的阻力因素前提下来制订城市扩展的边界。通过分析阻力因素与动力因素，可以使城市经济社会的发展建立在最低程度影响自然环境资源的基础上。科学判别城市扩张的生态底线、城市增长边界是识别城市科学增长方向、实现城市理性增长的有效手段[11]。

基于南宁自然生态要素的整合，南宁“一轴两环多廊道”生态骨架基本成形。为了进一步明确南宁生态框架区域的保护范围和相关管控导则，科学判别和保护城市扩张的生态底线、城市增长边界具有重要战略意义。

“城市增长边界”划定了南宁城市建设用地和非建设用地的范围，勾勒出南宁“图底关系”。“底”的范围（即为生态保护区）是指位于城市增长边界之处，具有保护城市生态要素、维护城市总体生态框架完整性、确保城市生态安全等功能，需要控制建设、实施生态保护的区域。它是维护南宁城市生态安全的重要基础，涵盖了南宁市优质的山水生态资源和重要的生态敏感区，对构建南宁“一轴两环多廊道”生态框架具有重要意义。

考虑到生态保护范围需要给予一定的控制弹性，实施不同的管控要求。将基本生态线围合形成的生态保护范围进一步划分为“生态底线区”和“生态发展区”两个层次。其中，生态底线区是指生态要素集中，生态敏感的城市生态保护和生态维育的核心地区，是城市生态不可逾越的安全底线，应遵循最为严格的生态保护要求。生态发展区是指自然条件较好的生态重点保护地区或生态较敏感地区，允许在满足特定的项目准入条件前提下有限制地进行低密度、低强度建设的区域（图3-14）。

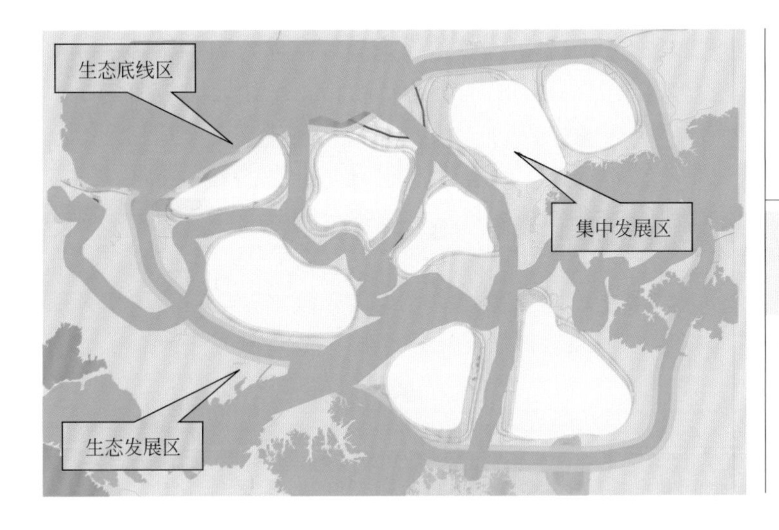

图3-14 南宁“两线三区”的空间导控格局
（资料来源：作者自绘）

3.3.3 “底”的限制——非集中建设区保护策略

（1）生态底线区的范围及保护策略

生态底线区是维护了城市的基本生态安全，是南宁市可持续发展和建设宜居城市的生态基础，也是城市扩张的刚性界限[12]。

① 南宁的生态底线区范围主要包括地表水饮用水源一级保护区，风景名胜区、森林公园及郊野公园核心区、自然保护区；河流、湖泊、水库、湿地、重要的城市明渠及其保护范围；坡度大于16°的山体及其保护范围；高速公路、快速路、铁路以及重大市政公用设施（550千瓦、220千瓦、110千瓦高压架空线下范围、输油管线通廊）两侧区域的防护绿地；水土流失高敏感区，地质灾害危险区；其他为维护生态系统完整性，需要进行严格保护的基本农田、林地、生态绿楔核心区、生态廊道等区域。

② 控制导则：南宁的生态底线区是为了维系城市生态系统功能的动态平衡，以保护和培育自然生态系统为主，尽可能保持原生状态。区内对项目的准入控制最为严格，仅允许具有系统性影响、确需建设的道路交通设施和市政公用设施；生态型农业设施；公园绿地及必要的风景游赏设施；确需建设的军事、保密等特殊用途设施等四类项目进入。

（2）生态发展区的范围及保护策略

在“两线三区”的空间导控格局中，“生态发展区”作为非建设用地范围，是都市区“图”、“底”关系中的重要基础，该区域也是转型期保护和发展压力最大，矛盾最为尖锐的地区，是有序的空间拓展格局形成的难点和关键点所在[13]。

① 范围主要包括：基本生态控制线范围内除生态底线区以外的区域为生态发展区。呈面状分布在南宁集中建设区周围的地区包括城市集中建设区与山体、水系廊道间的过渡地带。

② 控制导则：生态发展区相对宽松，考虑到地区经济社会的发展需求，除生态底线区准入的四类项目外，还允许风景名胜区、湿地公园、森林公园、郊野公园的配套旅游接待、服务设施，生态型休闲度假项目，必要的农业生产及农村生活、服务设施，必要的公益性服务设施以及其他经规划行政主管部门会同相关部门论证，与生态保护不相抵触，资源消耗低，环境影响小，经市人民政府批准同意建设的项目进入。

3.3.4 “图”的引导——集中建设区发展策略

（1）集中建设区发展的基本理念

① 组团规模化——提倡集约发展

城市资源的稀缺性日益突出，土地集约发展是城市经营的基本前提与重要内容。目前，南宁经济发展态势良好，面临土地供需矛盾突出的问题。为实现城市建设土地利用的可持续性，提倡土地的高效率开发与土地的集约利用是必然选择[14]。通过南宁生态网络的构建，优先控制非建设用地，在预留并确保组团间足够的开放空间与生态廊道的同时，推动南宁城市形态向网络状组团式发展。并且“重点推进组团”与“调整优化组团”一并考虑，即组团发展与城区人口规模、产业合理布局要同时考虑，以保障良好的城市生态环境的基础前提下城市规模化组团发展的目的[15]。

② 产业发展——推动城市增长

经济产业发展是南宁持续不断发展的原动力和活力所在[16]。目前，随着南宁高新技术产业开发区，南宁经济技术开发区、广西良庆经济开发区和南宁江南工业园区。南宁中心城区规划形成四大工业集中区，进一步推动城市经济发展。在南宁生态网络都市区的产业空间的布局本着用好、用足产业政策，确保“产业集聚、布局集中、资源集约”的原则进行集中安排，为产业的发展留足空间。首先，要改变目前中心城工业分散、与居住用地混杂的现状，重点发展几个工业集中区，促进产业簇群发展，形成规模经济。其次，快速环内工业企业以结构调整和搬迁改造为主，仅保留少量工业，重点发展都市型工业。

③ 公交优先——支撑城市拓展

构建新型、快速、高效的城市综合交通体系是建设南宁生态网络都市区的一个关键环节，而加快轨道交通发展，又是其中的一项战略举措，可以有效地支持和引导南宁城市按照网络组团化的模式有序发展。南宁市城市轨道交通建设项目前期研究工作于2006年启动。根据轨道交通线网规划的相关研究成果，远景南宁市轨道交通布置6条线路，基本覆盖中心城的区域，为未来南宁建设提供了长远的交通设施条件。通过轨道交通贯通南宁城区各个组团，实现用最短的时间通达南宁城区的主要功能区、商贸区和工作节点，最大限度地发挥轨道交通的效率[17]。

④ 均等化公共服务中心——提升城市品质

南宁城市网络化组团布局有助于推进基本公共服务均等化，逐步形成布局合理的社会公共服务体系。结合社会发展和结构分异趋势，可以按照“以城市中心为极核、组团中心为主体、片区中心为骨干、社区中心为基础”来配置城市公共中心体系。城市中心来为全市和区域服务的，组团中心是以商贸和文化娱乐功能为主，分担部分市级公共配套设施。另外，片区中心以大中型商贸服务业和文化娱乐业等生活性服务设施为主，社区中心主要是满足居民日常生活、休闲和娱乐需求的公共活动中心。只有保障多层次、网络型的城市公共服务中心体系才能实现基本公共服务均等化，逐步形成布局合理的社会公共服务体系。

（2）集中建设区拓展动力的生态转型

① 经济机制的生态化

经济驱动力仍是生态时代城市发展的最根本动力机制，关键是经济发展机制的生态化影响了城市空间拓展。南宁经济发展水平在全国还处于低水平，要实现建设南宁生态网络都市区的目标，应在环境承载力容许的范围内大力发展国民经济，走一条经济可持续发展的集约型发展道路。目前南宁逐渐加快产业结构调整发展服务业，走低污染、低消耗的发展道路。2006年，集购物、餐饮、休闲、娱乐、商务、旅游文化服务等多元业态的广西第一商圈“大朝阳商圈”的零售业和批发业共创出40亿元的营业额，它便是南宁促进生态文明建设的一个缩影。随着中国-东盟博览会的永久落户、中国-东盟自由贸易区建设的推进，更催生了南宁服务业的升级发展。通过南宁产业结构及布局的调整，才能逐步实现经济增长和生态环境相协调的可持续发展。

② 交通设施的生态化

目前不少学者提出城市空间的拓展方向与城市交通基础设施的伸展方向应该是相同的，这种观点是从物质形态视角出发的，来分析城市空间拓展与交通设施间的相互关系。但是随着交通基础的建设，也产生了对景观生态格局的割断，导致了极大的干扰和破坏。南宁生态网络都市区的发展中应考虑交通设施的生态化。目前南宁已逐渐重视交通设施生态化：整合生态廊道与交通基础设施，实现“两轴、两环”的交通廊道格局；注重维护市区交通廊道与外围交通系统的连续性，使得城市内外生态网络连成整体，比如以民族大道-大学路及其延线是市区连接G075的主要交通廊道，并且G075交通廊道与邕江水网廊道几乎平行，提高了自然生态系统的多样性。

③ 居民对生态的需求日益扩张

人类对聚居场所要求的改变是城市空间拓展演变的内在动力。南宁经济增长速度的加快奠定了城市空间拓展遵循生态模式的物质基础，城乡居民对居住环境的生态化需求日趋强烈。从南宁土地利用现状图中发现居住用地沿着河流水系拓展的特点：随着城市空间拓展，在邕江和南湖两侧居住用地逐渐集中，水体附近区域越来越成为人们心目中居住所在的最佳位置（图3-15）。这种分布特点很大程度是由居民对良好生态环境的需求日渐增强所决定的。近些年来“郊区高品位住宅热”也可见南宁居民对居住环境越来越强烈的生态需求。从人们生活态度的变迁中，可以得出，能够满足城市居民与自然交往的渴望最现实的场所是未来城市拓展的空间[18]。

图3-15 居住用地逐渐集中的水岸

3.3.5 南宁生态网络都市区空间结构构想

首先在区域联动背景下，作为环北部湾重要的城市南宁，经济增长速度的加快和新兴产业的发展是城市规模不断扩大的最基本动力；其次，随着邕宁并入后南宁的行政区范围扩大，为城市从单中心到多中心奠定良好基础，城市空间有了相当回旋余地，目前外围组团与南北发展轴逐渐成形；三是在经济外在动力和区位优势的双重作用下，南宁未来人口规模将有较大的增长幅度；四是从南宁城市建设用地状况来看，建设用地总体铺张、局部（建成区）紧张的情况相当严重，这必然要求城市空间向外围扩散。预计2020年城市建成区规模达到330平方公里。

（1）南宁城市发展方向分析

经南宁生态适宜性分析及用地现状的共同分析得出，“向东、向南”是南宁城市空间拓展的主要方向，同时整合提高西部和北部，加强力度开展外东环地区的建设。

目前南宁市的建设呈明显的“东扩”趋势。从城市经济发展态势出发，向东发展与六景、玉贵走廊的经济联系方向相同，便于与珠三角经济圈的联系；从自然地理因素出发，与邕江流域的方向一致，向东发展可以为未来南宁城市夹邕江河谷两岸发展奠定基础。向东是交通与物流的重要发展方向，现状交通设施条件较好，布置了铁路、高速公路等，并未来轨道交通的方向一致。随着行政中心东移及南湖开发区的布局，更引导了城市向东部拓展。

南部地区是近中期南宁重点打造的区域。向南顺应了大西南出海通道的方向，南部地区是近年来南宁经济发展最具活力和潜力的地区之一。既是联结南北钦防的重要经济走廊，也是连接东盟重要经济走廊。由于土地利用条件受到低山丘陵地形的制约，南部地区的用地拓展空间以沿交通干线两边地块为主。

以低山地为主的西部地区是南宁的上水地区，邕江的上游左江和右江于此汇合。并且西北地区拥有较大的森林覆盖面积，被认为是城市西部的生态屏障。尽管有较多适宜建设的用地分布于西部地区，然而由于该地区有地质断层经过，若继续扩张还可能导致上水地区被污染，也不太适宜进行大规模土地开发与建设[19]。因此，目前相思湖新区须以生态保护的发展理念为原则进行建设。在西部地区用地条件的限制因素下，该地区受南昆经济走廊的影响不很明显。

作为上水地区，南宁北部应被视为城市外部空间生态环境维育的主要区域。高速环线以外由于受高峰岭的限制，适宜建设的用地面积不大。虽然开通了从南宁到贵阳通道中的南宁—武鸣段，不过与南宁东部和南部地区的经济联系还不大。原有的北湖工业区企业逐渐的“关停并转”，通过旧工业用地的有效转化，建设南宁以综合居住、机械加工为主的北湖新城[20]。

（2）南宁城市布局形态与空间结构

基于南宁都市区“图底”关系，依照土地集约化和生态可持续发展原则，构想出“一轴、两翼、多中心、多组团”的南宁生态网络都市区空间结构（图3-16），具体内容如下。

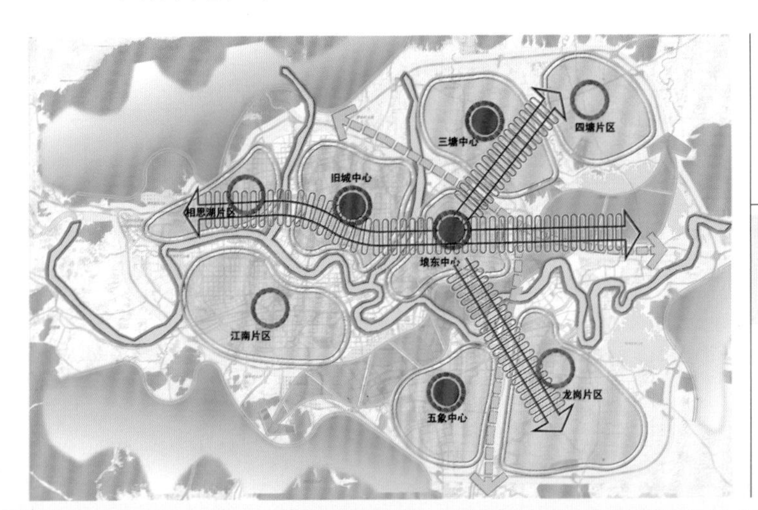

图3-16　南宁生态网络都市区空间结构
（资料来源：作者自绘）

“一轴”：指邕江及其两岸为城市最主要发展轴线。它的关键性在于，南宁整个城市是沿着贯穿城区的邕江东西向展开的，各级别的中心均分布于两岸地区。

“两翼”：一是沿城市东南部向邕宁、横县方向发展；二是沿城市东北部的三塘镇、四塘镇方向发展。目前，南宁城市向东南、东北方向发展的态势愈发明显，使得“两翼”日渐丰满。

“多中心”：是指形成多层次、网络型的城市公共中心体系，即包括城市中心、组团中心及片区中心等多个层级的公共中心体系。城市中心：旧城中心（心圩江）、埌东中心、五象中心、三塘中心；组团中心：相思湖片区中心、江南片区中心、四塘片区中心、龙岗片区中心。另外还有30个片区的中心。

“多组团”：在“两线三区”的导控格局下逐渐形成8大组团，包括邕江北岸的旧城组团、埌东组团、相思湖组团、三塘镇组团和四塘镇组团5个组团，邕江南岸的五象组团、江南组团和龙岗组团3个组团；另外还有30个片区。

（3）组团功能与规模的确定

结合城市空间结构拓展与调整要求、功能的相对完整性、地形地貌的自然分割、铁路、主要交通干道的隔断以及行政区划等综合考虑和分析，中心城区共划分8大组团（表3-2）及2020年规模预测。

表3-2　2020年南宁生态网络都市区各组团规模预测

组团名	规划用地规模/平方公里	规划人口规模/万人
旧城组团	63	65
埌东组团	28	26
五象湖组团	25	23
三塘组团	49	51
江南组团	48	46
相思湖组团	21	21
龙岗组团	48	46
四塘组团	46	50

① 旧城组团

自治区级商业中心和行政办公中心、区域商务中心、北部交通枢纽与物流中心、北部制造业基地。用地规模约63平方公里，人口规模约65万人。

② 埌东组团

自治区级行政办公中心、中国东盟商务中心、大型商贸会展中心、区域交通枢纽、高品质居住新城。用地规模约28平方公里，人口规模约26万人。

③ 五象湖组团

南部综合性城市副中心、文化娱乐、体育、行政中心、南部制造业基地、区域交通枢纽与物流基地、中高档居住及特色休闲旅游度假区。用地规模约25平方公里，人口规模约23万人。

④ 三塘组团

以发展金融、物流贸易、科研办公、文化娱乐、居住为主的组团，同时建设西南最大的农产品物流中心，形成城市中心之一。用地规模约49平方公里，人口规模约51万人。

⑤ 相思湖组团

西部综合性城市副中心、文教基地、高新技术产业基地、高品质居住新城、特色休闲旅游度假区。用地规模约21平方公里，人口规模约21万人。

⑥ 江南组团

该组团以南宁市的文化中心，南部地区的制造业基地、区域性的交通与物流中心及高品质居住新城来打造。用地规模约48平方公里，人口规模约46万人。

⑦ 龙岗组团

东部行政中心区、东部专业化生产基地、高品质居住新城、特色休闲旅游度假区。城市建设用地规模约48平方公里，人口规模约46万人。

⑧ 四塘组团

以发展商贸、金融、文化体育、居住为主的组团，成为组团中心；用地及人口容量：面积46平方公里，可容纳约50万人。

3.3.6 保育南宁健康的城市结构形态的现实途径

综合以上分析，在南宁“水城”建设的背景下，为了实现南宁城市空间拓展与生态网络构建的协调发展，保育南宁健康的城市结构形态，提出以下几条现实途径。

(1) 保证生态网络的完整性

目前南宁城区与区域景观尚未成为有机的统一整体，特别是在城市边缘地带，自然景观生态过程和格局得不到应有的尊重。未来南宁市城区的生态网络构建重点应是通过不同空间层面的生态廊道层次化、网络化，形成合理、优美的城市生态网络格局。南宁生态网络都市区空间拓展首先要将生态环境保护作为全局的出发点，综合考虑区域空间、城市外部空间以及内部空间这几个层面的自然生态资源，构建完善的生态网络体系。在优先进行非建设用地控制的基础上，再根据社会经济发展需求进行建设用地规划与布局，最终实现紧缩的建设用地与有机的生态网络的合理布局。

（2）推动组团发展的集约性

南宁土地利用上集中的发展往往形成城市空间毫无间隙地向外围“摊大饼式”扩张。应改变以前的粗放开发模式，通过网络化组团发展使得南宁的土地利用要相对集中、有机疏散，提高土地的综合开发效率是解决南宁城市问题的现实途径。通过南宁生态网络的构建，优先控制非建设用地，在预留并确保组团间足够的开放空间与生态廊道的同时，推动南宁城市形态向网络状组团式发展。并且“重点推进组团”要与“调整优化组团”一并考虑，即组团发展与城区人口规模、产业合理布局要同时考虑，以保障良好的城市生态环境的基础前提下城市规模化组团发展的目的。

（3）构建水管理体系的特色

南宁“水城”建设过程中，我们必须建立一定特色的水管理系统。随着计算机技术、通信网络技术、微电子技术等在水环境管理工作中的应用，推行数字化水管理是发展的新趋势。在南宁水系管理中可以采用现代化的技术手段，促进水环境管理方式的变革、提高工作效率、增强工作的有效性。此外，水城建设涉及一个“活水”的目标，这里不得不提到连通渠和贯城渠。通过连通渠将南宁18条内河连贯起来，通过贯城渠向无法满足河道生态及景观要求的内河进行补水，形成罕见的城市活水景观特征[21]。

（4）完善法制建设的系统性

法制建设是管理系统化、可持续化的重要基础。水城建设背景下南宁生态网络构建与城市总体空间布局的实施关键在于立法。首先，加强法律对于空间管制的实施保障，突出强调城市生态底线区、生态发展区维护的法定作用。例如，制定相关管理条例，对城市生态底线区和生态发展区的范围、可以开发利用的功能及用地使用的强度等作出明确的规定，严格控制一般开发性项目及不相容用地进入该区域内，以保障区域整体生态安全。此外，城市中地块的用地性质一经规划部门批准，任何单位和部门不得变更、削减或移作他用。如确需改变，需按法定程序审批。只有这样才能保证用地布局中的一定生态功能稳定性。

参考文献

[1] 易敏. 城市特色景观塑造研究——以南宁市为例[D]. 中南林业科技大学，2006.

[2] 覃浩展. 南宁市景观生态格局现状与改善途径[J]. 城市环境与城市生态，2001，14（2）: 44-46.

[3] 田雷，陈琪. 强化景观生态过程与格局的连续性与完整性，促进城市可持续发展[J]. 广西师范学报（自然科学版），2000，44（3）: 50-53.

[4] 陈燕飞等. 基于GIS的南宁市建设用地生态适宜性评价[J]. 清华大学学报（自然科学版），2006，92（6）: 801-804.

[5] 张月金. 基于景观生态学理论的南宁城市空间格局探究[J]. 广西城镇建设，2011，19（4）: 65-71.

[6] 黄世钊，陈丽瑜. 2020年，南宁中心城区水面率将达12. 5%[N]. 法治快报，2010.

[7] 思源. 基于景观生态学的城市绿地系统规划研究[J]. 江西农业大学学报（社科版），2008，7（3）: 154-158.

[8] 尹海明，覃中夏. 南宁构筑"蓝脉绿羽"城市内河水系[N]. 南宁日报，2009.

[9] 西蒙兹. 景观设计学——场地规划与设计手册[M]. 北京：中国建筑工业出版社，2000.

[10] 周鹏. 基于自然生态视角的西安城市空间结构形态发展研究[D]. 西安建筑科技大学，2005.

[11] 龙瀛. 北京市限建区规划：制订城市扩展的边界[C]// 中国城市规划年会论文集，2006.

[12] Costanza R，D'Arge R，De Groot R S，et al. TheValues of the World'S Ecosystem Services and NaturalCapita [J]. Nature，1997，587 : 255-260.

[13] Daily G C，Soderclvist T，et a1. Ecology—The Value of Nature and the Nature of Valuc[J]. Science，2000，289（5478）: 595-596.

[14] 邓春林. 基于TOD模式的南宁市外东环地区空间结构形态研究[J]. 规划师，2009. 25（10）: 56-59.

[15] 马道明. 城市的理性—生态城市调控[M]. 南京：东南大学出版社，2008.

[16] 李翅. 走向理性之城：快速城市化进程中的城市新区发展与增长调控[M]. 北京：中国建筑工业出版社，2006.
[17] 潘新潮. 基于行为地理学的城市交通规划初探[D]. 长安大学硕士论文西安建筑科技大，2010.
[18] 杨培峰. 城乡空间生态规划理论与方法研究[M]. 北京：科学出版社，2005.
[19] 张浩等. 区域发展的生态规划与综合战略决策研究——以南宁市为例[J]. 复旦学报（自然科学版），2004，50（6）：967-971.
[20] 南宁市人民政府. 南宁市城市总体规划及说明书（2008 ~ 2020）[R]. 南宁，2008.
[21] 魏美英等. 南宁水城建设的战略研究[J]. 江苏科技信息（学术研究），2011，28（2）.

4

南宁生态网络都市区滨水空间系统规划

4.1 滨水空间规划设计要素解析

4.1.1 延续性——有机连接城市整体

（1）地域的融合

滨水空间作为城市公共空间的重要组成部分，必须与城市有机连接，而不是各自孤立存在。滨水空间只有与城市整体结构连接到一起，才能形成完整的景观系统，才会带来更大的开发价值。区域性的城市更新改造对周边地区的发展具有很好的带动作用，这种带动作用无论是正面效应还是负面影响都带有一定的城市性。同样，必须从全局出发考虑滨水空间的结构变化，站在城市的角度来考虑主次与取舍，使滨水空间建设成为完善和延伸城市整体结构的重要组成部分，最终达到地域融合的效果。

（2）视觉的延续

视觉的延续最主要就是采用何种方法可以避免对景观的遮挡，总结起来滨水景观的视觉延续方法还是有很多的。

① 因地制宜，利用地形地势合理设置观景点，如可设置在地理高势，这样就为观看周围的城市景观提供了良好的观景条件。

② 滨水街区建筑高度的合理控制，在进行建筑布局和形态设计时，要有意识地营造通向水体景观的视觉景观廊道，合理控制临近水域的建筑高度，避免遮挡内部建筑朝向水域的景观视线。

③ 根据各地不同的气候条件，靠近水边的建筑可采用底层架空或局部透空的建筑形式，这样既可以吸引人的活动，又可以形成滨水景观视线焦点。

④ 内外空间同样要保持视觉的延续，可以通过大面积的玻璃幕墙来实现室内外空间的视觉联系。

⑤ 在滨水娱乐休闲区和滨水居住中采用人工挖通河道方式将水体引入滨水岸域。

⑥ 对于滨水区中的重要开放空间与城市整体空间结构结合起来考虑，注重特色视觉景观廊道的开辟。

⑦ 为了从水上或对岸都能够更好地欣赏到沿河景观，水域与城市环境的和谐是十分必要的，同时必须确保防洪堤的形态可有效保证视线的通畅。

⑧ 建筑与水之间保证间距的合理性，在水边设置连续的散步道和绿化林带，确保水体的可观性和可接近性。

（3）文化的传承

目前对于滨水区的建设存在的最大问题就是千篇一律，而归根到底就是因为缺少地方文化特色。文化是景观的灵魂与精髓，所以在滨水空间的景观营造中必须灵活传承地方文化特色（图4-1），从而建设出独一无二的滨水空间。

图4-1 传承南宁文化

4.1.2 适配性——相应更新用地结构

城市滨水空间的规划设计常常涉及一些衰落或废弃用地的功能变更，针对的是滨水空间用地功能单一、水质污染、土地利用空间纵深不足等问题。在进行滨水空间的功能调整时，必须能复苏滨水空间作为重要生活场所的功能。适配性设计主要包含了三个方面，首先是保证用地形态的开放性与公共性，实现岸线共享，在滨水街区布置一些商业、休憩和文化设施，避免出现一些封闭的工业项目；其次是强调地下空间的开发，注重立体化设计，尤其体现在立体交通系统中，良好的立体化设计可以为滨水空间赢得更多的绿化面积，可有效平衡土地开发强度过大和生态失衡的问题；再次是强调滨水空间的多功能利用，改变滨水空间用地功能区域性的单一化与专一化现象，为市民提供充足的室外活动空间，防止出现由于城市整体功能断裂而导致的城市整体潜力不能充分发挥的现象。

4.1.3 亲水性——满足水域可接近性

为了防洪抗灾，滨水区的建设常常在水滨高筑坝堤，结果造成工程负担大，人们无法接近水体的现象，对滨水的自然生态环境也产生了严重的破坏性。基于这样的情况，我们不能将防灾作为护岸设计的唯一标准，还必须以生态优先为原则，结合城市规划，全面衡量其在整个城市整体空间环境构建中的角色和地位。通过不同形式的滨水活动场所和设施吸引人们到达水边，为人们营造可接近的滨水活动空间。

4.1.4 自然性——气候特征不容忽视

滨水空间规划设计受气候特征的影响是不容忽视的。与城市其他区域相比，滨水空间的形态设计会更多的考虑气候因素对其所造成的影响。

水陆热效应不同会明显导致水陆区域的受热不均，局部热压差可形成水陆风，这种风白天流向内陆，夜间流向江湖，日夜交替。另外，水分蒸发的蒸汽会在滨水空间积聚，出现雾；风的流向会受到天气阴晴变化的影响。这些对滨水空间小气候的营造都有着至关重要的影响。在进行城市设计时为灵活运用气候资源条件，就必须做到两点，首先是要保护好水体对气候的调节渠道，如避免大量板式或高层建筑对气流流通的影响。其次是要尽可能地扩大水体对微气候的影响范围，例如在亚热带气候的南宁，可通过开辟生态走廊的方式，将凉爽、潮湿和新鲜的空气引入到内陆区域。当然，要充分结合各地区差异性气候特征来考虑气候调节的需求，比如热带要注意通风隔热需求，而寒带则要满足挡风保暖的需求，不同的气候调节需求，需要不同的水体利用方式，这样才能充分发挥水体的作用，营造出适应地方特点、彰显地方特色的滨水空间。

4.1.5 审美性——营造特色景观

良好景观序列和特色景观层次的营造是滨水空间审美性充分发挥的关键。人对于景观的感受不是一成不变的，而是一个不断变化的过程，随着时间、空间的不同，人对景观的感受也会相应变化。滨水区是城市与自然交接的敏感地带，其景观要素的内容相当丰富，因此滨水空间的规划设计要把握好空间的变迁和建筑群体性的概念，使环境景观随着时间空间的转变而不断完善。同时，人对景观的感受是具有层次性的，无论从前景—中景—远景，还是宏观—中观—微观层面上看，都会产生不同的滨水城市意象。

4.1.6 便利性——便捷的交通系统

滨水空间的便利性首先表现在交通的便捷性，主要包括对外交通的可达性、立体化的交通设计以及滨水空间内部步行系统的完善程度等。对外交通的可达性主要是消除影响滨水区联系的物理障碍，并防止新障碍的产生，可鼓励多种交通方式并行，并提供适当的停车场；立体化交通主要是通过交通的地下化及高架形式来缓解滨水区交通混乱的状况，方便人们更加容易到达滨水区；滨水空间的步行系统包括林荫道、散步道等，更加强调安全性、舒适性、连续性、易达性以及可行性[1]。

4.2 滨水公共空间的系统化规划设计

4.2.1 滨水公共空间规划设计定位

滨水公共空间作为城市公共空间结构的重要组成部分，其特定的城市与区域空间结构共同构成了滨水公共空间的形态特征。具体表现在，一方面滨水公共空间在二维平面布局和三维空间构成上对滨水空间形态的基本骨架起到了决定性的作用；另一方面，滨水空间在整个城市空间形态构成中的地位取决于滨水公共空间与城市空间结构的联系程度[2]。要对滨水公共空间规划设计进行定位，就必须从整个城市结构出发考虑到以下几点。

首先是对城市性质的考虑。城市的职能与规模决定了城市的格局、建筑形式、体量风格及街区面貌等。滨水公共空间特色作为现代城市特色的重要组成部分，同样要考虑到城市的性质。南宁的城市性质：广西壮族自治区首府，是中东合作的区域性国际城市，西南出海大通道的综合交通枢纽，承担着政治、经济、文化与信息中心的职能，基于此区位优势条件，滨水公共空间的定位必须是集合休闲游憩、文化、商业多功能复合的滨水空间。

其次是对特有自然地理条件的考虑。滨水空间特定的空间位置、地形、地貌以及气候条件，对滨水空间的格局都具有重要的影响。南宁地处亚热带地区，因此其定位必须能够充分体现亚热带的资源优势，彰显美丽的亚热带自然风光的滨水空间。

再次是对特色文化内涵的考虑。滨水空间个性突显的本质其实就是城市文化内涵的显现，文化是一个城市的积淀，是当地人民精神风貌和民俗风情的体现，是当地所独有的，个性鲜明。合理继承与发扬，并充实以新的时代特征，可以塑造出全新的滨水空间形象，彰显城市个性，促进城市的持续发展[3]。南宁是有着丰厚的文化底蕴，聚焦着壮族文化、承载着民族特色、拥有亚热带自然风光的现代化园林城市。因此滨水公共空间的定位必须是具有多民族族文化特色的、体现东盟文化的滨水空间。

（1）功能定位——休闲游憩、文化与商业的复合功能

古代滨水公共空间的功能较为单一，尤其是在当时交通条件相对比较落后的情况下，常以水道作为货物运输的主要方式，此时的空间形态基本是建筑文化、居住生活以及商业流通的融合。伴随着人们生活水平及环保意识的提高，滨水公共空间逐渐演化为展示城市景观和为市民提供休闲的场所，使得滨水公共空间功能更趋多样、层次更为丰富。南宁水城滨水公共空间的具体功能定位表现在以下

几个方面。

① 休闲游憩功能——发挥热带气候优势，营造宜人休憩环境

随着社会的快速发展和城市生活节奏的加快，休闲游憩功能的重要性也随之加强，成为滨水公共空间的主导功能，这不管东西南北都无异议。对于南宁，其重点在于发挥热带气候优势，营造宜人的休憩环境。充分利用其亚热带自然资源优势，以建设各种公园、广场、街头绿地、旅游度假区等方式合理组织城市空间与人的行为，最大可能地发挥滨水公共空间的休闲游憩功能，保证滨水公共空间的可达性、开放性、大众性和功能性等特点。同时南宁的休闲游憩功能应延伸至旅游功能的发展，南宁的旅游发展必须与大区域的旅游圈相融合，在南宁都市旅游圈层构建形成的基础上，积极进行区域旅游联动。积极发挥南宁在中国-东盟自由贸易区构建中的作用和在广西旅游区的中心作用，通过大区域的经济一体化，促进经济社会与旅游协调发展。

② 文化功能——传承地域民俗文化，彰显多民族文化个性

文化功能往往是城市魅力与个性的体现，是对于历史文化的显现与表达，这正是城市价值的体现和城市之间相互区别的关键所在。对于南宁水城这样一个水系发达的城市而言，滨水空间的文化传承功能更是不容忽视。

南宁的文化灵魂不仅仅指南宁是壮乡民族文化与岭南文化相互交融的城市（图4-2），更重要的是南宁同时是中国文化与东南亚文化相碰撞、相融合的城市。因此，在文化功能的体现上，南宁在充分表现本土的岭南文化和多民族文化的同时，要更加注重体现开放性、兼容性、国际性和多样性的特征，营造能够同时体现岭南文化、多民族特色和东南亚热带风光的滨水公共空间。在进行滨水区景观设计时要将历史文脉与水脉共同融合到滨水区景观中，处理好继承与创新的关系，创造富有历史底蕴和文化内涵的重要景观节点。将历史文化遗迹加以改造和创新，冲破历史条框的束缚，最大可能地满足人们的使用要求，焕发城市新时代魅力。

图4-2　壮乡民族文化与岭南文化相互交融

③ 商业功能——开展水上商贸活动，打开南宁工艺市场

滨水商业区与非滨水商业区的最大区别就是良好的景观资源优势，舒适的购

物环境、开阔的景观视野，给人们逛街购物创造了更好的环境条件。滨水商业区的开发项目同样要以历史文化积淀和区域特性为基础，进而创造商业价值。只有充分挖掘滨水地段的深层文化积淀和充分考虑地域历史文化及环境条件，并在尊重和利用这些资源条件的基础上，才能同时在建筑形式和空间尺度上都能很好地挖掘人文景观资源，营造历史文化氛围，营造出具有文化魅力的城市环境，这样才能给人们创造良好的体验空间，并同时实现其商业价值。

南宁区位优势十分明显，毗邻港澳粤、面向东南亚、背靠大西南，是连接东南亚沿海与西南内陆的重要枢纽，是整个西南地区最为重要的铁路枢纽以及西南各省最便捷的出海通道，是西南各省会城市中唯一沿海的城市。承接东部发达地区与西部地区物流、人流与信息流的必经之地，也是东部产业转移的地区。其商业潜力令外界惊叹。无论硬件与软件上，南宁商贸业都具备进一步发展的空间和市场条件，并有强大实力成为未来的商贸中心与物流中心。基于这样的优势条件，南宁滨水公共空间可大力开展滨水商贸活动，打开南宁工艺市场，开发水上工艺商贸等，把具有南宁特色的工艺品，尤其是关于南宁“水”文化类的作品，作为商品展出，同时可展出和销售水利建筑模型等。可在滨水公共空间的中心位置建一座展示土特产，各族歌舞、特色餐饮、民间工艺产品等集食宿、购物与观光旅游为一体的民族风情城。让广西世居的各民族各成一条特色商业街，展示着各自民族文化，形成特色鲜明、风格独特的广西民族风情城，既展现了多民族文化，又带来了较好的商业价值，充分发挥南宁发展商业的有利资源条件，营造为南宁经济发展带来巨大推动作用的滨水商业空间，打造南宁城市的新亮点。

(2)形象定位——热带、水城与多元文化的空间特色

①凸显亚热带环境风貌

滨水公共空间的特色要充分利用南宁山川秀丽、水系蜿蜒这一气候环境资源优势，通过亚热带植物群落造景（图4-3）与组织滨水景观空间，选取树形、色彩上都独具特色的亚热带植物装点公共空间，营造融绿化、美化、彩化与亚热带风光于一体的滨水公共空间景观，凸显滨水公共空间的个性特征。

图4-3　亚热带植物群落造景

② 营造“国际水城”的形象

城市形象定位离不开城市性质，必须以城市性质为基础，而城市形象定位是人们对于城市的综合印象和感知，是人们的一种心理感受和认同。南宁水城滨水公共空间形象作为城市形象的重要组成部分，必须充分考虑到南宁作为区域性国际化城市这一性质，强化具有国际特色区域的滨水空间特色和意境，建设滨水特色文化区，以东盟文化为特征，创造具有独特魅力的滨水公共空间形象。

③ 弘扬多民族文化内涵

文化建设是凸显城市特色的根本，只有文化才能凸显其个性。南宁是一个多民族聚居的地区，民族文化丰富多彩，多元的民族文化是南宁核心竞争力的重要因素，是南宁城市文化的体现。东盟诸国中具有与南宁相似的与热带、水体相关的民族文化十分丰富。所以，挖掘多元化的民族文化元素，以多民族文化特征为主线，继承现有精华亮点，并充实以新的时代内涵，是塑造南宁滨水公共空间形象的重要内容。

4.2.2 滨水公共空间的规划策略

滨水公共空间作为城市中景色最为优美、特色最为显著的地区，其空间尺度应是宜人的，与周边建筑应是相互融合、相互促进的，空间功能应是能够支持城市中各类活动的，与城市公共空间的关系应该是能够支持城市活动的发生和延续的，因此滨水公共空间规划设计的系统化十分必要。

首先滨水公共空间与建筑的关系。优秀而富有个性的建筑可作为滨水地区的地标，对增强滨水地区的可识别性具有重要作用。滨水公共空间中建筑的立面和造型与人们的空间感受息息相关，建筑物底部空间犹如展现在人们眼前的“橱窗”。如何通过系统化的规划设计，将其设计的丰富、多层次以及连续是十分必要的[4]。

其次是滨水公共空间的使用。城市滨水空间是最佳的休闲、娱乐、文化场所。滨水公共空间的多功能混合使用是将这些功能通过水平及垂直交通的方式将其组织在一起公共运营，对其进行系统化的规划设计既可以提高空间的效率，又可以完善城市整体运营。

所以，滨水公共空间的规划设计必须紧密契合城市整体结构、基于水系网络的构建调整其用地功能，来研究滨水公共空间的系统化分级与布局。

（1）有机契合城市整体结构

作为城市空间系统子系统的滨水公共空间系统，必须融入城市整体空间环境中才能有机发展，它不能脱离城市总体环境的支持。随着滨水公共空间系统越来越复杂，不能再继续沿用传统的单一功能体系的规划设计方法。避免滨水公共空间缺乏连续性与整体性的建设而导致的城市公共空间无序增长、分布不均衡、公共属性严重缺失、环境效益日益低下等问题。南宁作为广西壮族自治区首府城市，加之西南出海大通道综合交通枢纽的区位优势以及面向中国与东盟合作的区域性国际城市，作为市民公共活动载体和城市形象重要展示手段的滨水公共空间，其形象关乎整个南宁的品质。因此应从滨水公共空间的系统化规划设计入手，完善空间结构、优化用地布局、塑造空间特色，结合南宁的热带环境优势，高标准、高水平、高质量地系统规划城市滨水公共空间。

（2）结合水网相应调整用地功能

目前，南宁滨水空间用地还存在一系列的问题，如缺乏各种功能空间的综合组织利用，功能结构比较单一，很难满足人们对于社会活动越来越高的多样化和复杂化的需求；还有一些滨水区没有充分利用纵深空间，往往只限于滨水沿岸表层的更新和改造，片段化趋势明显，不能与周围环境很好地衔接，存在脱节现象，对旧有环境和建筑的利用意识不强，不能很好地处理改造与保护的相互关系和比例。因此必须对部分用地功能进行调整，防止对公共空间的掠夺性开发，强调城市功能在总体结构上的完善。调整过程中遵循改造与保护并行的原则，赋予部分具有历史传统意义的设施予以新的功能加以再利用，重新复苏水滨这个重要的生活场所，无形中也为城市文化的延续提供了有利条件。

（3）滨水公共空间的系统化分级

南宁滨水公共空间系统在具体的规划设计中包括若干个中心景观节点，这些景观节点被分为不同的等级，包括市区级、组团级及片区级，以市级中心为核心、组团及中心为主体、片区级中心为基础共同构建了网络型的滨水公共空间系统。市级中心多作为南宁市和区域的服务中心。规划旧城、凤岭和五象三个功能各有侧重的城市中心。组团中心，以商贸服务和文化娱乐功能为主，规划3个组团中心。江南：市级文化中心，江南组团综合中心。相思湖：教育科研、高新技术产业研发办公，城西组团中和中心。龙岗：区级商业中心，邕宁组团综合中心。片区中心：以大中型商贸服务业和文化娱乐业等生活服务性服务设施为主（图4-4）。

① 市级中心

旧城：在旧城地区建设以商业、金融、旅游服务为主导功能的城市中心；继续保持原有城市中心区的活力，完善以人民路、北大桥、桃源大桥、新民路围合的老中心区、老中心区的整合提升是城市近期旧城更新改造的重点。

埌东、凤岭：在埌东、凤岭地区建设以商务和会展为主导功能的城市中心。

五象：在五象新区建设以行政办公、体育休闲、文化娱乐等为主导功能的城市中心。

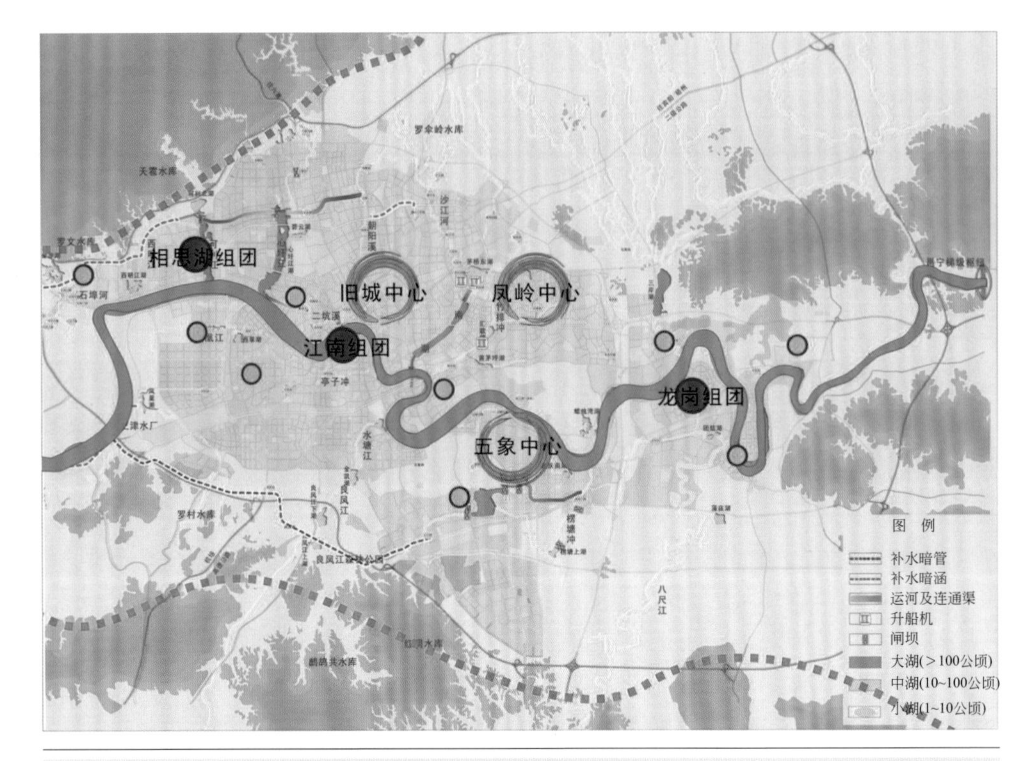

图4-4 滨水公共空间的系统化分级
（资料来源：作者自绘）

② 组团中心

江南：市级文化中心，江南组团综合中心。整合江南产业用地，加大江南公共服务设施建设，改善江南环境品质，提升江南新的中心。

相思湖：教育科研、高新技术产业研发办公，城西组团综合中心。位于中心区西侧的相思湖组团，是南宁市原来启动的重点建设区域，在规划期内，将继续完善相思湖组团。重点发展职能：文教基地、高新技术产业基地、花园式居住新城、特色休闲度假区、中心城分流人口主要集聚地。

龙岗：区级商业中心，邕宁组团综合中心。位于邕宁组团，逐步构建综合性组团中心，形成较大规模新城。主要职能为城市综合居住、综合服务、专业服务、文教科研、产业发展等。

③ 片区中心

片区中心以大中型商贸服务业和文化娱乐业等生活性服务设施为主。综合城市片区的布局规划9处片区中心。

各片区之间有适当的功能分工，又具有相对完善的综合服务功能，这些片区及其中心，将成为南宁重要的城市功能增长核，通过适度综合建设降低对中心区的依赖。

（4）滨水公共空间系统化布局

整个滨水公共空间功能沿邕江展开，滨水布置滨江绿地，并确保绿地的生态资源更大程度渗透至城市街区。公共服务带垂直于水体设置，原则上在600米左右距离的城市干道上设置公交停车站，将该站设置在距离商业办公为主要功能的公共服务带较近的区域，或是在开放式的城市公共空间中，这样可以吸引人流至滨水景观地带。提供公共服务的复合功能，将不同类型的功能空间集中布置，如将旅馆、商业服务、办公建筑以及公共交通站点、咖啡厅、餐厅等集中布置，为人们提供生活工作和休闲娱乐的集中场所。尽可能将城市中心的工作和生活延伸至具有良好绿化景观的邕江两岸，以便为城市未来的发展建设提供良好的空间结构体系，利于城市的发展。空间中各个节点虽然有着各自不同的处理方式，但整个滨水公共空间系统联系密切，与城市空间紧密相连，从而保证了滨水公共空间使用效率的提升。

在其系统化布局中以邕江水系为主轴和核心，形成以邕江为主的防洪、生态、景观、旅游等多功能为一体的城市滨水区域，达到中国水城"水畅、水清、岸绿、景美"的总体目标。在城市空间上，从"南湖时代"真正走向"邕江时代"。针对目前邕江沿岸用地形态单一的问题，提出对沿江地区注入新的城市功能，增加文化产业、服务业、金融商务、旅游等产业形态，形成功能综合区，成为沿江经济发展的"磁极"，辐射带动周边地区发展。结合系统化的分级需求将沿岸划分为十个区段，且各区段各具功能，通过邕江轴线串联，形成功能多元和融合，自西向东分别为（图4-5）。

图4-5　邕江沿线系统化布局结构

（资料来源：作者自绘）

生态休闲娱乐区：托洲大桥-石埠河入口南北两岸，主要功能以自然生态、农业观光和休闲娱乐为主，利用现有自然、农业条件，重点开发以休闲娱乐体验为导向的观光旅游（图4-6）。

文教科技研发区：石埠河入口-清川大桥北岸，以高等教育、研发为主，未来进一步发挥现有的教育优势资源，提升其科技研发作用。

都市文化旅游区：石埠河入口-清川大桥南岸，以文化休闲旅游为主，增加休闲类公共设施的布局，体现都市文化旅游的特色（图4-7）。

商贸综合居住区：清川大桥-永和大桥两岸，以商贸服务为核心的高尚居住区，南岸富德区段为商贸服务相对集中的一个功能节点；五合大桥以西仁幅半岛为商贸居住功能。

旧城商贸文化旅游区核心区：永和大桥北岸-葫芦鼎大桥，北岸、南岸至银沙大道为旧城区的核心，是历史风貌最核心的地段，以商业、金融为主导功能，综合历史文化、娱乐、旅游休闲功能。

青秀山休闲文化旅游度假区：葫芦鼎大桥——三岸大桥北岸，以特色文化旅游服务为主导功能，体现浓郁生态、民族特点，依托已有的设施和资源，强化和提升生态文化旅游的品质（图4-8）。

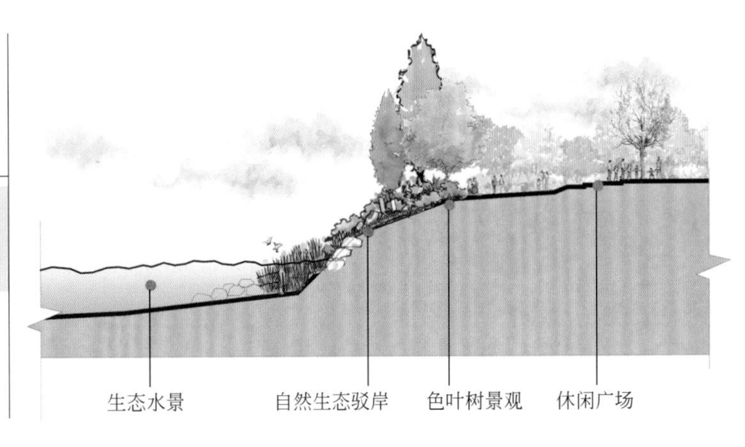

图4-6　生态休闲娱乐区岸线断面分析

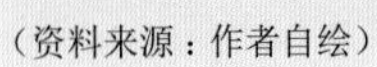
（资料来源：作者自绘）

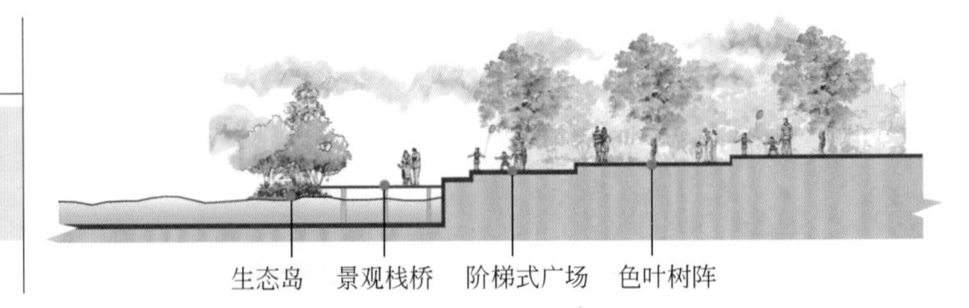

图4-7　都市文化旅游区岸线断面分析
（资料来源：作者自绘）

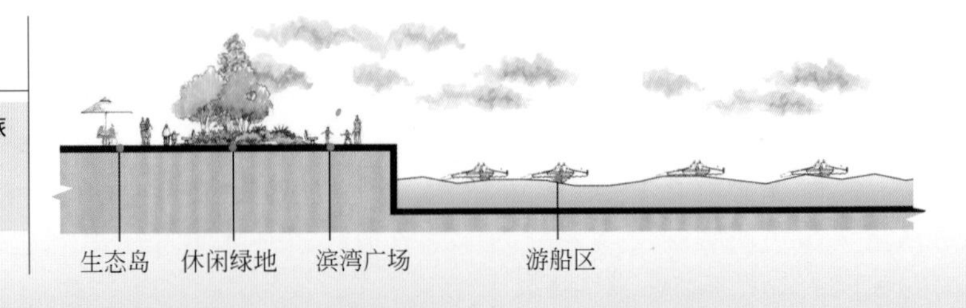

图4-8　青秀山休闲文化旅游度假区岸线断面分析
（资料来源：作者自绘）

现代商务文化娱乐核心区：银沙大道南岸——三岸大桥，以商务办公、商务金融、文化娱乐为主导功能的城市沿江核心新区，未来都市风貌景观区域。

商贸娱乐居住综合区：三岸大桥——仙葫半岛两岸，以商业服务为主导的高尚居住社区。

教育研发产业综合区：仙葫半岛——新高速环北岸，以教育研发为主导，集科教和技术为一体的新型科研功能区。

现代物流产业综合区：仙葫半岛——新高速环南岸，以港口、物流仓储、工业为主导功能，新兴的产业基地。

另外，创造性地利用大型公共设施、历史文化节点、船舶、广场空间等，打造沿江新的公众活动平台；沿江区域设置休闲、娱乐、餐饮、购物等多种设施，营造都市氛围，优化桥梁外观，形成特色滨水空间景观（图4-9）。

图4-9 魅力邕江

4.2.3 滨水公共空间的设计方法

（1）民族元素符号在特色风貌建设中的应用

吸收和注入地方民族文化元素，建设具有民族文化风格的建筑，彰显多姿多彩的民族文化风貌，是滨水公共空间设计的最终目的。通过侗族风雨桥、鼓楼以及铜鼓、壮锦或花山崖壁画图案等在滨水公共空间建设中的展示，使其展现出鲜明的地方民族特色，既让人倍感亲切，又营造了浓郁的民族文化氛围，凸显了南宁民族文化的丰富多彩，为城市特色风貌建设奠定了坚实的基础。

① 侗族风雨桥、鼓楼等传统建筑艺术的体现

风雨桥和鼓楼是侗族的标志性传统建筑，主要以结构合理、造型庄重、风格独特和工艺精湛为特色。南宁的滨水空间特色风貌建设中，建筑以地方特色鲜明的风雨桥和鼓楼作为基本造型和结构，吸收其造型元素，进行再度创作与设计，以达到升华与美化的效果，合理运用现代建筑材料与方法，形成传统建筑形式巧

妙结合现代建筑特点的具有鲜明特色的新建筑体，从而为滨水公共空间注入了强烈的民族文化色彩（图4-10）。

图4-10 侗族风雨桥节点景观

为了能够在滨水公共空间中更加充分地体现传统建筑艺术的应用，可在文化娱乐核心区建设南宁民族文物苑，将各个民族的传统建筑都集合在一起，形成独具世居民族特点的传统建筑群，如壮、瑶、侗、苗等民族的传统干栏式建筑、毛南族特色的传统建筑以及鼓楼、风雨桥等，都建设在文物苑中，集中展示广西民族特色传统建筑的成就与风貌，让人们一睹为快。

② 壮锦、绣球图形的吸收与应用

壮锦是广西民族文化瑰宝，是壮族人民在长期的生活实践中所创造，以图案生动、结构严谨、色彩斑斓、充满热情开朗的民族格调而闻名，生动体现了壮族人民对美好生活的追求与向往。同样具有优美造型和深刻内涵的绣球也是壮族乃至广西民族文化的标志。因此在滨水公共空间中的大型公建、门柱等的装饰中均可吸收和应用这些独具特色的文化符号，如南宁市人们会堂、民族广场、五象广场、民族大道等的建筑装饰中都吸收和注入这一民族文化元素，既让滨水公共空间获得了更多美感，也是对地方民族文化风采的更好展示，显现了南宁的地方民族特色，对整个滨水空间文化内涵与风貌的展现都起到了一定的积极作用。

③ 世居民族形象的展示

在长期的社会生活中，广西的12个世居民族创造了各具特色的文化，各个民族以各不相同的传统节日、歌舞、服饰等作为自己民族的重要标志。滨水公共空间恰好可以为世居文化荟萃与展示提供载体，各个民族的特色文化可以在这里表现得淋漓尽致。可通过建设特色产品展示、特色饮食、工艺品展示、民族歌舞、庙会购物等集中区域，使其成为整个滨水公共空间的一个特色亮点。可将其特色集中在文化娱乐空间或公园中展示，让人们观赏到南宁世居民族形象的独特个性，为滨水公共空间增添了浓浓的地方民族文化氛围。

（2）民族元素符号在景观营造中的应用（图4-11）

图4-11　民族文化元素在建筑上的应用

① 建设赋予民族元素符号的雕塑系统

在滨水公共空间的景观营造中，可以以壮族中流传广泛、影响深远的神话故事为素材，将其内容形象化，经过提炼和再创造，建设极富民族风格和艺术美感的形象性雕塑作品，为南宁滨水公共空间的景观营造注入了底蕴深厚、特色鲜明的民族文化元素，达到美化和强化其民族特色以及烘托其文化氛围的效果（图4-12）。

图4-12　应用铜鼓元素符号的景观小品

壮侗民族先民是最早铸造和使用铜鼓的主要民族之一，广西被誉为“铜鼓之乡”，蕴含着十分丰富深刻的历史文化内涵，其圆滑多变、铜鼓凝重、丰富精美和规整对称的花纹图案和造型，可应用于滨水公共空间中的各类广场、公园、桥梁以及建筑的装饰中，在现代滨水公共空间中演绎古老的铜鼓文化，营造浓郁的铜鼓文化氛围，让人们在休闲娱乐的同时能够真切地感受到“铜鼓之乡”的魅力与风采。

② 建设时代与民族特色交融的广场空间

滨水空间广场是人流密集的公共场所，其数量与布局的合理性是滨水公共空间建设成功与否的重要体现。在河岸广场的建设中，增加独具地方民族特色的建筑小品、装饰图案和文化符号等，可增强滨水公共空间的亲和力和独特魅力，鼓楼、哈亭、风雨桥、民族标志立柱、民间传说浮雕等在广场空间的集中建设（图4-13），可以让市民和游客在观赏公园亚热带风光的同时，更加深入地了解到南宁丰富多彩，别具一格的多元民族文化特色。

图4-13　广西民族文化元素

③ 建设民俗风情滨水步行商业街

南宁是广西壮族自治区的首府，所处百越之地的地域文化十分丰富，包括传统的民俗活动、传统节日、风味饮食等，然而这些却很少在城市建设上有所体现。这些渗透到人们日常生活中的民俗文化，往往在历史街区中表现最为丰富，然而当今的城市历史遗存逐渐消失，文化传统随之被遗忘，所以将民族特色的餐饮、建筑、歌舞结合在一起，构建民族风情滨水步行商业街是十分必要的，是切实可行的。让人们可以通过滨水公共空间这一窗口向世人展现壮族的风情、了解壮民族特色；同时丰富娱乐当地市民生活，提高滨水区的知名度，增强其个性特征，打造完美的滨水公共空间景观。

（3）气候特征的适应性体现

① 提供适合南亚热带气候特征的娱乐场地与设施

以亲水为主题而进行的项目设置，不仅要考虑到自然条件，注意满足防晒、隔离紫外线的要求，最重要的还是要考虑到游客的心理需求，让游客在整个游览区中的心绪有张有弛。可利用一些特色交通工作，开展水上民俗旅游活动；兴办各种水上节日，开展参与性民间艺术表演活动，可以让游客亲自体验民间艺术。设置游船码头，游客可搭乘小型游船在区内水域中穿梭，在休闲的同时欣赏新罗风情园的异域风情。并设置滨水酒吧、茶艺馆等特色餐饮项目提升这一片区的经济收益。还可建设集水疗、养生、美容、塑身、餐饮、休息及戏水之全方位功能设施于一体的健康水疗中心，为社区居民及游客提供养生休闲服务，完善景区旅游产品体系，丰富游览活动。

② 富有亚热带风格的建筑特色

结合亚热带气候特征，确保建筑设计满足夏季自然通风、防潮隔热、遮阳降温的要求，创造通透、明快、轻盈、淡雅的利用自然、适应自然的绿色建筑，以给人们提供舒适的休闲娱乐与购物的场所。可以采取出挑的歇山屋顶、伸出的屋檐的水平遮阳方式，遮阳既可以避免阳光的直射，又能防止雨水对于建筑墙体侵蚀作用，同时又保证了建筑的轻灵而不呆板[5]，活跃了整个滨水区景观，为特色滨水公共空间的营造奠定了基础。

③ 建设网络化滨水绿荫游憩系统

南宁夏季太阳辐射强、气温高且持续时间长、潮湿、闷热、多雨、气候风旺盛、天然光充足等。公共活动空间应避免太阳直射，所以，建设“树荫下滨水公共空间”及其网络化连续的林荫道显得十分重要，滨水区沿线往往形成连续的公共绿化带，形成由树荫和骑楼组成的公共空间系统，十分符合当地遮阳防晒的活动需求，为人们休闲娱乐、旅游参观以及逛街购物等提供了良好的环境。

(4) 整合空间格局，延续肌理特色

对于滨水公共空间而言，水、建筑和街道组合形式是历史上人与水的有机生活环境的直接体现，三者之间的关系是历史地段保护的重中之重。在保护实践中，对各地段的不同组合方式要予以充分尊重，以形成景观丰富、历史风韵犹存的滨水公共空间。

在滨水公共空间中经常会存在一些空间组织关系上的关键节点，包括一些为控制空间或连接空间的点、视觉焦点、重要转折点等，这些点可以是水体和街道的凹点或凸点、有标志性的建（构）筑物、桥梁以及街道交叉处等。它们本身并没有很大的历史价值，但将其放在整个空间结构中就会发挥至关重要的作用，从而决定了对其保护的重要性，不能随意削弱其空间作用的改动。

南宁历史传统街区的保护范围主要为：民族大道的西段以北部分、朝阳路以西、当阳街以东、新华街以南的围合区和解放路沿街区域，其中重要保护区以兴宁路、民生路为主。对沿岸的文物保护单位、历史街区及古树名木必须严格保护。

通过对民生路一带历史街区、沿江重要文物保护单位的重新挖掘，更丰富地展示南宁的城市历史和人文风貌。强调文化功能的植入，通过在邕江沿岸建设艺术中心、博物馆、文化产业等大型公共文化设施及生活场所，使城市文化与水岸融合，体现南宁市特有的个性与风貌。

4.3 滨水居住空间的气候适应性规划设计

4.3.1 滨水居住空间的要素构成及规划设计要则

(1) 水体

水体是滨水居住空间中最基本的构成要素之一，水体的降温作用使它在住区中的地位十分重要。有研究表明，滨水地区的气温要比城乡平均气温低3摄氏度左右，比城市平均气温低6～7摄氏度，所以，在南亚热带地区的滨水住区规划设计中，水体是住区微气候中不可忽视的重要因子，对于提升人类居住环境具有重要意义。滨水居住空间中大量水景的存在，既丰富了空间景观，又在一定程度上提升了居住空间的素质。

（2）住宅建筑

滨水住宅建筑是滨水住区的又一重要构成要素，对于改善滨水住区环境、塑造空间景观、形成场所特征、完善视觉廊道与凸显地方特色都有着至关重要的作用。对滨水住宅建筑的研究，重点要强调建筑的亲水性、建筑与水体之间的组合关系、以建筑和水体为主的外部环境、建筑组合形成的住区微气候等。滨水住宅建筑群体布局必须有良好的内部空间组织，以实现空间的通透性、形成通向水体的良好视觉走廊。滨水住宅建筑的布局最终要保证实现户户向水，通风良好、观景方便、景观优美的效果。

（3）步行游憩空间

在滨水居住空间中，步行游憩空间是人们基本的活动场所，主要服务于居民的步行出行及室外休闲游憩活动。其规划设计要以满足人们的需求为目的进行合理布置与空间引导，寻找与步行速度和空间感受相适应的空间尺度和景观组织。步行游憩空间一般以滨水步道、游步道、集散广场、小区支路以及居住区道路步行道、林荫道等形式散布在小区内部，并能很好地实现滨水活动及静态景观空间的连接，以实现步行系统网络的通畅和完善。

（4）气候环境

气候环境同样是滨水住区中不可或缺的重要构成因素，气候环境与人们的居住环境息息相关，尤其对居住空间形态中的建筑布局形式起着至关重要的作用。南宁属于亚热带季风气候，该区域阳光充足、雨量充沛、气候温和、夏季尤其炎热潮湿，特殊的气候特点决定了建筑群体布局和单体形式的特殊性。结合当地特定的地域气候条件，对滨水居住空间提出了一些利于住区通风的建筑群体组合形式，进而营造良好的住区微气候，最终目的是为了给人们提供优越的居住环境，同时为总结和完善滨水住区气候适应性的规划设计进行研究。

（5）滨水居住空间的规划设计要则

滨水居住空间的规划设计与其他住区空间设计的最本质区别就是重视水的存在，充分发挥水的优势，做足水文章，但同时还要确保水体的共享性，营造可观、可赏、可亲近的滨水区域。滨水住区规划设计的首要前提就是尊重自然条件，尤其对其空间组织影响较大的气候条件必须引起足够的重视。因此滨水居住

空间的规划设计原则必须从气候特点及景观的共享性两个方面进行论述。

① 遵循气候特点的住区空间组织

基于岭南地理环境及气候特征，岭南人一直喜欢择水而居[6]。南宁冬暖夏热，夏季日照时间长、太阳辐射强度大、气候炎热、空气潮湿、雨水充足，所以其住区规划设计尤其要注意通风的要求。这也决定了南宁滨水居住空间的规划设计要与一般的住区规划设计区分开来，在不同层面都应有自己独特的规划设计要求。

首先在规划设计上，充分考虑生态效应、庭院功能、气候特点等多方面因素，将其完美组合，形成集合阴凉、通风、采光、和谐、实用、美观等特点，以适应岭南的自然环境与居住条件。其次在建筑布局上，总体而言要保证建筑朝向和间距的良好性，以及建筑形式的开敞性和通透性的特点。岭南居住建筑对于冬季的防寒、保温要求不高，但对住区的通风有极高的要求，如水面风、巷道风等，因此居住建筑的布局无论从总体规划还是单体设计上均要保证其开敞通透性，充分利用水面风等优越条件，确保建筑的被动降温。

② 滨水景观的共享设计

滨水住区最明显的特征就是因为水景的存在，因此在分析其视线走廊时，切忌阻挡了通向水边的视线走廊，严格控制建筑物的位置，提倡以点式住宅取代遮挡视线的板式住宅。滨水住宅的整体规划要充分利用滨水的地块特征，以“水”为核心，尊重自然，利用自然，达到人、水、建筑与环境的相互交融。为了能够充分利用景观资源，更好地组织滨水居住空间视线，实现滨水景观的共享性，通常滨水住宅都是档次较高、套型较好的住宅类型。一般按照与水面的距离由近及远的住宅类型分别是独立别墅，联排别墅，多层、小高层及高层住宅，这样就形成了从水面由近及远呈现逐渐升高的视线景观。将相对比较高的住宅布置在离水面较远的地方是为了保证能有尽可能多的住户可以观赏到水体景观，以最大限度实现水域景观的共享性。

4.3.2 构成要素与水体的关系处理

(1) 住宅建筑与水体的关系处理

住宅建筑布局与城市景观之间存在一种对立统一的关系，为合理解决住宅建筑空间组合形态与城市滨水景观之间的矛盾，就要首先处理好建筑单体与水的关系。基于中国的气候特征要求，我国的建筑基本遵循坐北朝南的朝向规则，因此在朝向允许的情况下，基本是采取建筑平行于岸线的布局形式，然而在平行水系布局无法满足朝向问题的时候，便出现了一些建筑山墙朝向水体的格局，形成了垂直于岸线的建筑布局形式。即水系与建筑单体之间存在平行岸线与垂直岸线两种关系。住宅群体建筑的空间组织是对滨水空间内在组织方式的表达，又可以分为现状式、组团式和核心式三种类型，要特别注意的是，住宅群体建筑的空间组合，不论哪种形式都必须保证能有良好的景观视线，确保建筑之间通风效果。

① 住宅单体建筑与水

a.正接关系——建筑与水岸线平行。建筑与水的正接关系主要是指建筑单体面向岸线，与水面保持平行，建筑采用前低后高的方式依次排开（图4-14）。这样的布局模式可保证每栋建筑都能朝向水体，但并不是每一户都能观赏到水体景观。建筑与水体的正接关系所衍生出来的滨水空间形态往往受建筑长立面的影响较大，整个居住建筑景观易形成成一堵不透风的墙。这种建筑空间格局的最大缺点就是，比较单一，过于呆板，没有很好地实现水与居民生活之间的互动[7]。

图4-14　单体住宅衔接关系

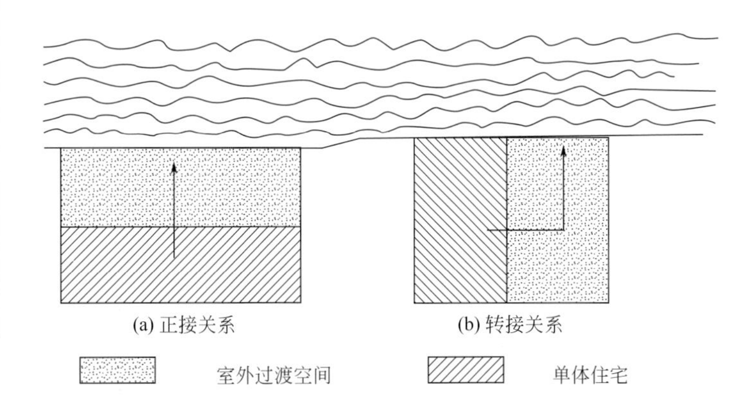

b.转接关系——建筑与水岸线垂直。岸线与水的转接关系，是指建筑单体与水面垂直，面向岸线逐层退台的布局形式（图4-14）。这种模式的优点是可保证每一住户都可以观赏到水景，观察者可从建筑侧面的阳台迎向水体。建筑的山墙立面营造了更加舒适宜人的滨水空间尺度，具有较强的节奏感和景观纵深感，以水体走势作为控制元素，充分体现了滨水居住空间灵动的独特魅力。转接关系虽然建筑并非正面迎向水体，却在一定程度上很好地兼顾了住户观景与城市景观之间的关系。

同时垂直岸线布局建筑，还可以为内陆深远处的某些建筑留有通向水面的视觉通廊，在通廊上形成活动空间，供人们使用，因此这种建筑布局常常是为实现某种空间序列而做的刻意安排[7]。

两种建筑与岸线的关系各具优缺点，因此在具体的规划设计时，为了景观的丰富性，常常不会采用单一的布局模式，而是将两种模式有机融合，共同打造完美的城市轮廓。

② 住宅群体建筑与水

a.线状式。线状式布局方式较为普遍，即滨水建筑群体沿岸线展开，原因是基于地与水本身的“线”性特征的存在。这种布局形式尤其要注重不同功能的建筑组合和穿插，形成各功能区的相互交替。由各种自然形态的边界或道路及空间视廊、绿化带等共同构成了典型的线状式结构，这种布局形式可获得较长的边界，具有明显的开敞性，可使用地具有沿线性向两端运动延伸增长的特点[7]。

b.组团式。在有较大范围自然景观的城市水环境区域，为使建筑有机融于自然，可根据其功能需求成簇、成组的分散组合方式。这种布局形式更加强调滨水区与城市公园、风景旅游区的结合，共同融于湖光山色，并通过道路相互连接。建筑群的组团式结构对地形及现状都有较强的适应能力，对滨水区的分期实施也更加有利，同时可减少各类不同性质滨水空间的相互干扰，创造环境更加宜人、地域更加宽阔、空间更加开放的环境氛围。

c.核心式。在确定滨水居住空间建筑群的空间结构及形态时，对滨水区位置及自然地理条件及景观资源等的考虑也是必不可少的。在进行全面考虑的基础上，形成由中心区及外围区共同组成的核心式结构，这种结构形式，具有明显的视觉中心和构图中心。

（2）步行游憩系统与水的关系处理

道路系统作为居住空间环境重要组成部分，既解决了居住区交通问题，又创造了小区景观的主线[8]。伴随城市规模不断扩大、住宅区分布方式不断改变，居民出行方式、活动范围及生活模式均发生相应改变，交通问题对人们的影响越来越重要。城市滨水居住空间的交通问题也不例外，必须能够协调处理好居住功能用地、城市交通体系以及水岸景观的关系，为滨水居住空间营造便利的交通系统。

① 整合内外步行系统的关系

为确保住区步行系统与滨水区步行系统的有机连接，使其成为整体，必须为内外步行系统提供舒适、便利、合理、顺畅的连接条件。这是因为滨水区是人们休闲游憩的最佳活动场所，同时滨水区的活力又离不开大量市民活动的支持，合理组织滨水住区内外步行系统的关系，既可以确保滨水区的活力，也为人们的居住生活提供了良好的休闲游憩场所。

当前许多滨水居住空间的规划，习惯将车行大道沿滨水岸边直接设置，此种方式对于内外步行系统的连接具有非常不利的影响，严重影响居民步行到达滨水公共空间的活动区域。同时，过往的车流所产生的大量噪声和灰尘，对于步行游憩系统的环境也产生了一定的不良影响。

为避免这些问题的发生，必须确保内外步行系统的畅通性，这样才能有效解决车行交通对整体步行游憩系统的破坏。在具体的规划设计中，为确保步行者的舒适安全，可通过尽端车型道路限制机动车辆的进入，以车挡、驼峰等限制车行范围等，达到内外步行游憩系统的顺畅性和安全性，形成舒适、优美、充满生活气息的步行游憩系统和街道景观空间。

② 内部林荫步行系统的营造

在保证内外步行系统畅通的前提下，步行系统对于居住社区内部功能结构及居民自身居住区域的认知也都有着非常深刻的影响，良好的步行空间环境是居住空间建设所必须关注的话题。滨水居住空间的建设同样要注意步行系统的营造。住区内部步行系统的营造，主要是通过步行空间将社区中的庭院、街道、广场以及建筑等空间与活动相连接，并将社区之间紧密联系，将步行活动与景观设计和建筑设计相结合，从而形成完整连续而又丰富多彩的社区空间体系。

南宁属岭南地区，气候十分炎热，冬季较短，因此相对北方而言，人们的室外活动时间会相对长些，考虑到对出行人们防晒方面的要求，为人们提供舒适的林荫步道显得十分重要。因此本次滨水居住空间的步行系统设计将以“林荫步行系统”为特色，打造以宽阔林荫步行道为分界空间的道路系统设计。林荫道路结合休闲设施设计，在两侧设计适当的广场或组团绿地的连接部分，使其成为全区点、线、面结合的纽带。林荫步行系统必须充分考虑到其通达性，尽可能满足人们的出行要求，且能提供选择性道路，以满足人们多样化需求的目标。其次要满足舒适性的要求，其设计必须符合人的行为心理，同时强调安全性与连续性，通过建立滨水林荫道、散步道、广场、园林一体化和多层次的步行系统，减少机动车与非机动车的干扰，确保步行系统的畅通，为人们营造良好的出行环境。

4.3.3 住区微气候的营造

城区内部气候有别于城郊的气候形成机制，城郊气候一般接近于自然气候，城市的气候特征则可归属为“自然—人工”气候。这是由于两者拥有不同的下垫面，其性质可以带动周围空气进行复杂的能量、物质以及水汽的交换，与此同时，因其不同空气界面的显著变化，随着人们所能感受到的温度、湿度、风向、风速等也都相应发生变化。作为城市重要组成部分的滨水住区空间，其空间内的微气候影响对于居住环境的改善将起着巨大的作用。而良好的住区微气候可以增加居住空间的舒适度。南宁的亚热带气候特征决定了住区空间最基本的要求就是通风、隔热。从居住区的规划布局出发，进行建筑群体的不同组合，以充分利用地形和绿化等条件以提高住宅群体的自然通风效果。成片的绿树地带与附近的建筑地段之间，因两者升降温度速度不一，可出现差不多1米/秒的局地风或林源风，这对炎热气候环境下的住区是十分重要的。同时充分利用水体的降温作用，合理导入水面风，共同营造良好的住区微气候，为人们创造舒适宜人的居住环境。

（1）以风为气候主导因素的住宅建筑布局形式

滨水住区中建筑群体的布局形式将会直接影响到小区内微气候的形成，尤其以风为气候主导因素的建筑布局形式对住区微气候的形成起着决定性的作用。因此，滨水住区中住宅群的布局要根据当地不同季节的主导风向，合理布局，满足适应当地气候特征的通风与隔热要求。首先从平面与空间两个方面分析建筑布置与自然通风的关系，进而探索到一些利于通风的住宅建筑布局形式。

① 建筑布置与自然通风的关系

从平面规划的视角来分析，建筑群布局主要包括行列式、周边式和散点式三种形式。行列式是最基本的布局形式，条式单元住宅或联排式住宅按一定的朝向和合理间距成排布置就形成了行列式布局，这种布局形式同时又包含了并列式、错列式及斜列式三种形式，当并列式布局发生错动就形成了错列式和斜列式以及周边式的布局形式[9]。

一般来说并列式受风面较小，错列式和斜列式则可使风从斜向导入建筑内部，增大了下风向建筑的受风面积，所以相对并列式有更好的通风效果（图4-15）。

从立面设计的角度来分析，通过建筑单体高低有序（图4-16）、错落有致、疏密结合（图4-17）、长短结合的布置（图4-18）等增加通风效果，同时避免气流通过小区时形成漩涡、下冲气流等。如若有一栋非常突出的高度远远高于其他建筑的建筑，或是在一处楼间距相近的建筑群中，有一个突然加大的建筑间距，这样就会使下冲气流加大，形成高速风，会给居住者带来非常不舒适的感觉。

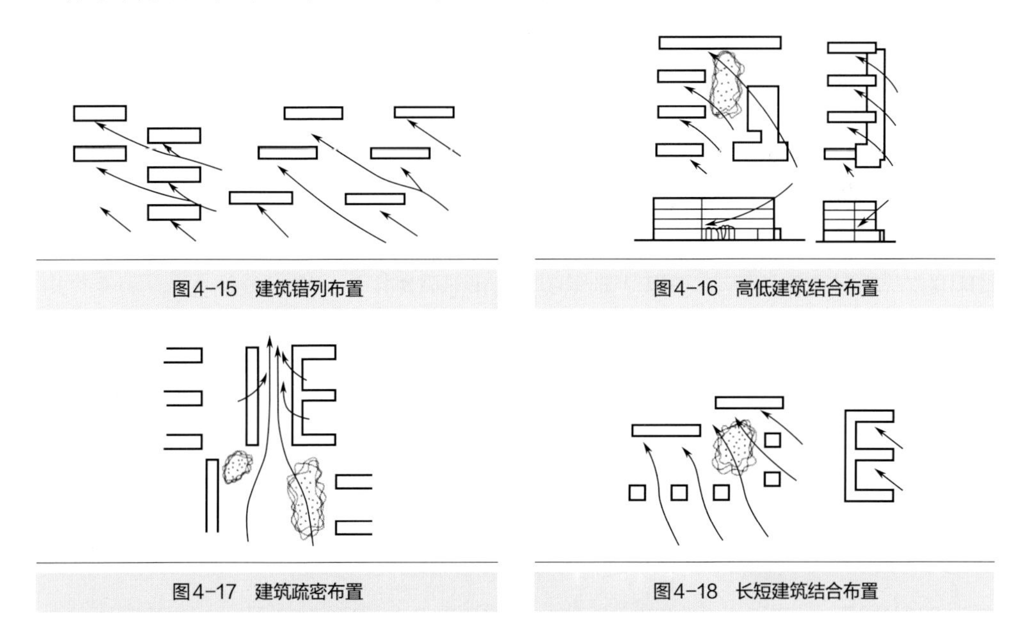

图4-15　建筑错列布置

图4-16　高低建筑结合布置

图4-17　建筑疏密布置

图4-18　长短建筑结合布置

② 住宅群体的空间组织

住宅建筑群体有多种多样的组合模式，不同的组合模式构成了各自的住区空间形态，这些空间形态与其用地面积和容积率的控制都有着密不可分的关系。三种布局形式在不同空间尺度下表现出明显差异性特点。

行列式：最明显特点是按日照间距平行布置，虽然日照和朝向都较为合理，但这种规整的空间形式，缺少内向性，严重缺少可识别性的特点。但这种布局形式对水景具有很好的观赏效果，如图4-19（e）所示。

周边式：这种沿着基地周边围合而形成的空间，具有很强的内向性，同时有防风、节地的优点，如图4-19（a）～（c）所示，这种布局形式在对南宁滨水居住空间的研究中一般应用于以水域为中心景观的区域。

散点式：这种住宅形式以点式、塔式灵活布置，具有较好的日照通风和较强的适应地形能力，其缺点就是外墙面积大，如图4-19（d）、（f）所示。

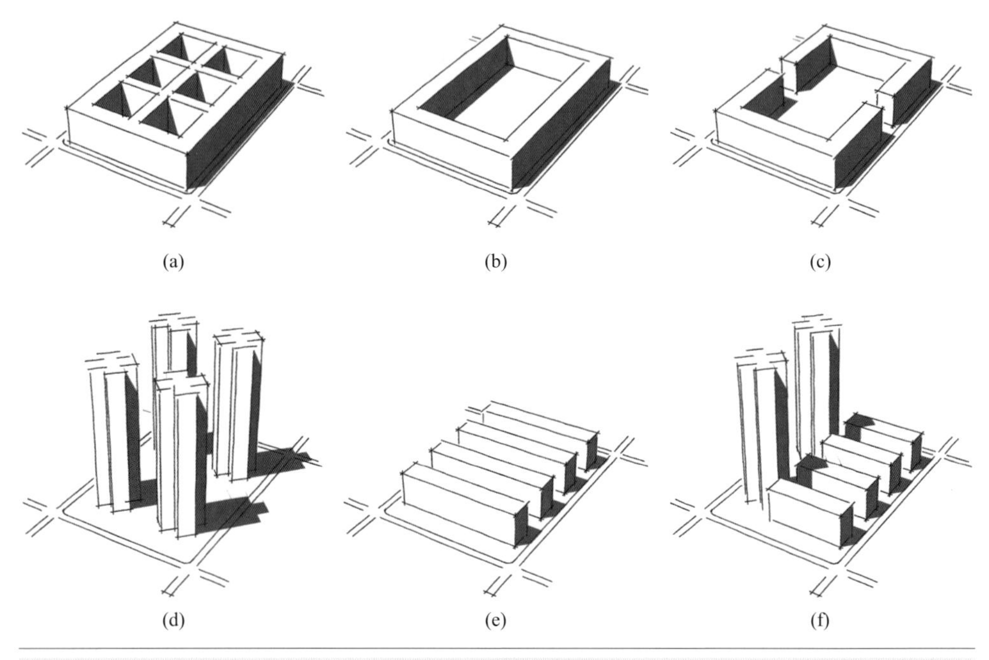

图4-19　建筑模式的分类

（资料来源：作者整理）

③ 利于通风的住宅群布局形式

南宁春夏盛行风向为东南风或南风，冬季盛行北方，结合其盛行风向，总结归纳并整理了一些利于通风的住宅建筑布局形式（表4-1）。

表4-1　利于通风的建筑布局形式

布局形式与通风	图式	布局形式与通风	图式
平行行列式：建筑的主要迎风面与风吹来的方向呈45°为最佳，否则不利	45°	错列式：可以增大建筑的迎风面，易使气流导入到建筑群内部及建筑室内	

续表

布局形式与通风	图式	布局形式与通风	图式
疏密相间式：即利用"狭管效应"密处风速较大，可以改善通风效果		豁口迎风式：迎主导风向，前面布顺风向长条形建筑或布点式以形成豁口利于通风	
长短结合式：长幢住宅利于冬季阻挡寒风，短幢住宅利于夏季通风	冬季主导风向 夏季主导风向	周边式：应将四角敞开，围而不合，并开敞处与主方向斜交，则可增强通风效果	

在总结归纳出利于通风的布局形式后，还要同时考虑滨水住区的重要构成因素水体的利用，将水面风引入住区，可为住区营造更加宜人的居住环境。因此结合通风与水体两个方面因素，还要充分考虑到以下几点。

紧邻江（河）地带，规划层数低、一般是体量小的点式住宅，或垂直于江（河）面布置的体量较小的板式住宅，体量较大的板式住宅靠后布置。这样就可以将江（河）水面风较为顺畅地引入住宅群体内，并且保证了后排住宅有良好的江（河）景观视线（图4-20）。

将靠近水面的住宅建筑做底层架空处理，也可在立面上开通风口洞，为了能够引入江（河）风通过架空层或立面通风洞口吹进住宅建筑群中[10]（图4-21）。

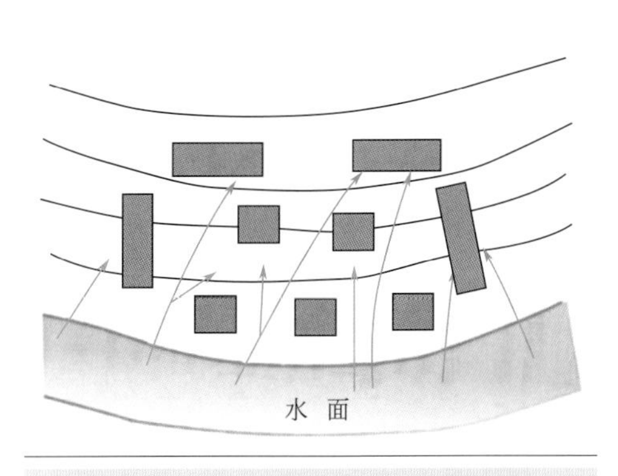

图4-20　靠江河地形上建筑布局平面示意图

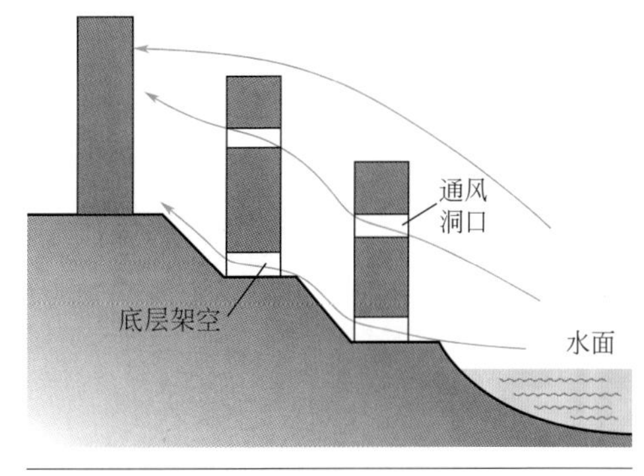

图4-21　靠江河地形上建筑剖面示意图

建筑迎风面与夏季主导风向垂直或是保持较小角度，可利于自然通风的组织。在夏季主导方向上的住宅群体宜做开敞布局，以创造导风空间；与之相反，在冬季主导风向上则宜做封闭式布局（图4-22）。

这里所要强调的是首层架空，虽然对建筑小区内部的风环境有较为明显的改善，消除了部分静风区（图4-23），尤其在高层住宅和行列式布局的住宅小区中这种现象更为明显，但这种做法要特别注意建筑与小区的相对位置，避免出现风速过大的现象。

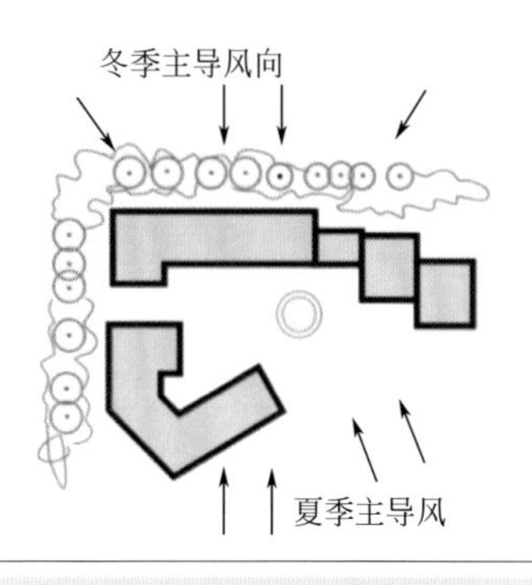

图4-22 结合主导风向的群体布置

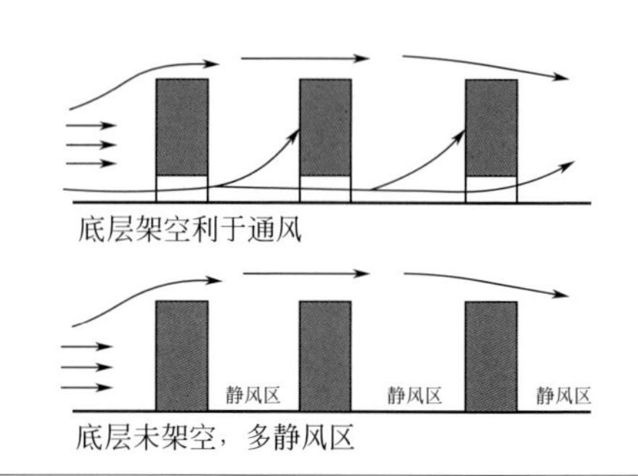

图4-23 首层架空与否对通风的影响示意

(2) 植物与水景的优化配置

有些水景只重视在水边铺设大量的草坪，而不注意相关树种的配置。树木对住区内的空气温度、湿度以及空气清新度等都有重要的作用：首先树冠对于太阳辐射热能的反射可达到20%～50%；其次树木可有效增加水分小循环，树木根系所吸收的水分，仅有1%用来自身吸收，其余大部分都用于树木的蒸腾作用上，即通过树叶的气孔汽化将水分蒸散到空气中，这些水汽在空气中遇冷后又凝结并降回地面，这种降水实质是因绿色植物蒸腾作用而发生，因此称为“水的生物小循环”，也是森林增加降雨的主要原因。另外，还有消减地表径流的作用，地表径流因其流速快，会导致部分土壤和有机质的流失。大量树木的生长，其树冠可截留相当数量降水，有效防止雨水对土壤的直接打击。灌木和草本更有拦截水体的作用，特别是草本植物的根系对地表径流有截留的作用，并能导入地表水进入土壤中。最重要的就是树木群的综合作用——涵养水源。总而言之，林地一般可贮存降雨量的50%～80%，甚至能将100%的中小强度的非连续降雨都贮存于土壤或地下。总之树木与水体的有机结合，可增加水分小循环、防止地表径流、涵养水源，从而很好地改善住区小环境。

从滨水植被设计的层面上来讲，必须以“设计途径适应场地自然过程”的思想为指导，严格遵循滨水植被设计的要则：合理选择植物种类；重点培养地方耐水或水生植物为主等。从景观的角度讲，滨水地区要适当配置一定量的树木，这样才能相得益彰，形成亮丽的风景。同时大量树木可形成林源风，增加小区内的通风效果，可以起到很好的改善住区微气候的作用（图4-24）。

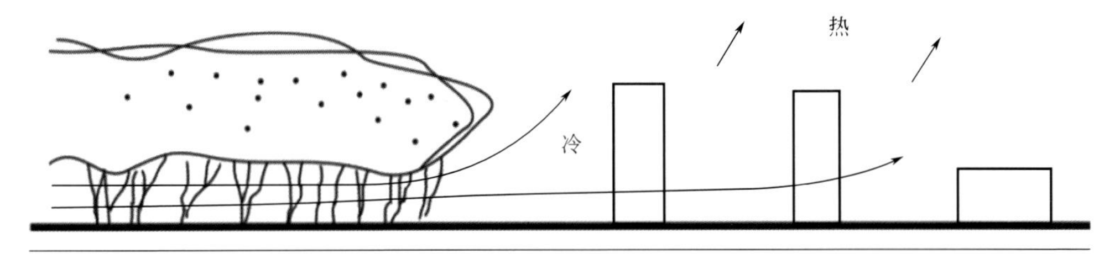

图4-24 林源风

在具体植物配置上，以形成亚热带自然风光为目标。首先，可大量种植椰树、樟树等一些亚热带植物，以此作为植物配置的基调树种；其次，中层植物可配置大花紫薇、旅人蕉、天竺桂、榕树等，强调地方植物特色，凸显亚热带的植物景观营造特点，让人们很自然地就能感受到亚热带的自然风光，明显感觉到身处热带古城南宁。与此同时，科学处理植物与景石、建筑、园路以及水池等的相互关系，合理搭配，有助于形成层次多变、高低错落、色彩淡雅的园林景观。再次是对于地被植物的选择，主要是以南宁适生地被为主，包括七彩朱槿、彩叶竹芋、大叶红草、春羽、龟背竹等。总之，合理选择与搭配乔、灌、木、地被植物，营造一个彰显地域特征、适应自然生态过程的人工植物群落，使整个景观真实而自然，收到“虽为人作，宛如天开”的效果。

（3）适应气候特征的外部生态环境设计

人的视觉与触觉感受往往受到空气温度、湿度、流向以及光照条件等的影响，因此在规划设计时必须对这些条件予以充分考虑。南宁太阳终年辐射强，气温高，降水丰富，特点是夏长高温多雨，冬短温暖干燥，无霜期长，年平均气温22.5摄氏度，全年盛行东风和东南风。气候环境的独特性，奠定了滨水住区外部生态环境设计的“基调”。

城市小气候的调节主要是指通过热岛效应，当热空气在城市上空堆积时，滨水区域因为有大量水体存在则仍保持相对稳定的温度，如能通过设计，因势利导将滨水区凉爽空气引入城市之中，对于城市生态水平及人们生活质量都能起到很好的改善作用。

把握了南宁的气候特点，其生态环境的设计就要充分利用各种自然因素改善住区微气候，以给人们提供更为舒适的居住环境。

如将住宅底层架空，可利于通风防潮；通过连廊花架为居民的室外活动提供遮风避雨的空间；通过加强空气环流过程，将郊外的自然空气和凉风引入居住区（图4-25），在建筑西墙运用立体绿化隔热，以达到遮阳降温的目的（图4-26）。

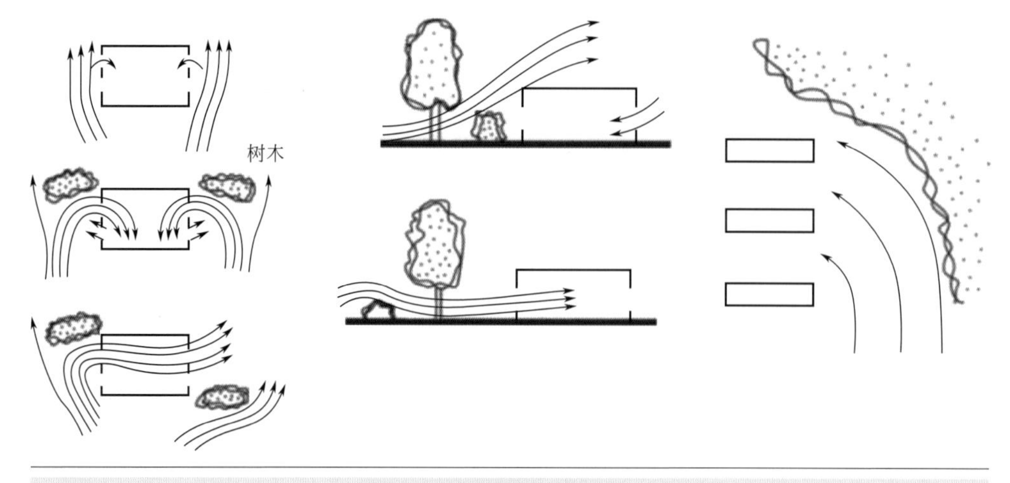

图4-25　建筑附近绿化导引气流

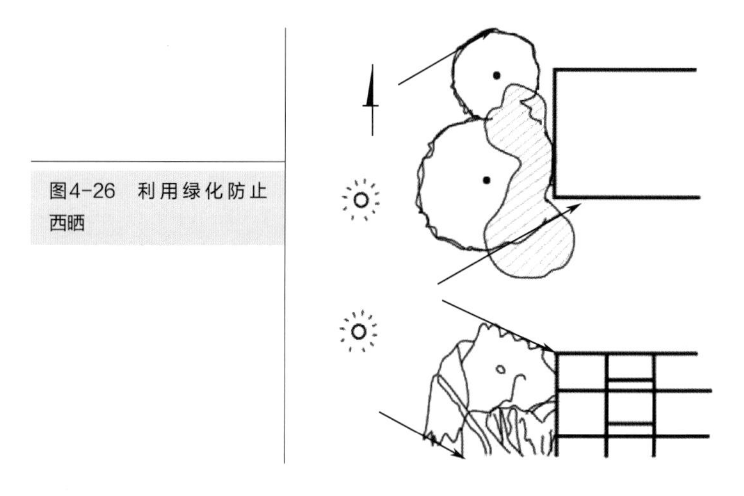

图4-26　利用绿化防止西晒

4.3.4　滨水景观共享的规划设计

滨水居住空间的布局形式，必须要充分考虑到水与建筑之间的相互关系，合理处理景观与观景之间的矛盾。水景作为滨水居住空间中最具特色的景观必须保证实现每户的均好性。住区内距离水面较远的住宅可通过建筑单体的错位排列来达到分享中心水景的目的。具体做法是，将条式住宅错位排列，结合布置点式与条式住宅，将单元式住宅做锯齿状变化，通过锯齿形形体组合的收房空间，形成不同于一般行列式的丰富的宅间空间效果。这样可保证所有的住宅都有通畅的景观视线。如何处理建筑的布置、体量与环境的关系，如何充分利用岸线资源，如何基于基地条件确定相应的建筑水体组合模式，最终营造出不同的居住空间景观形式是本部分内容所要阐述的重点。

（1）滨水区的视线分析

为了能够在均好性的前提下，让尽可能多的住户欣赏到水体景观，必须首先对平行岸线与垂直岸线的视线进行分析（图4-27、图4-28）。

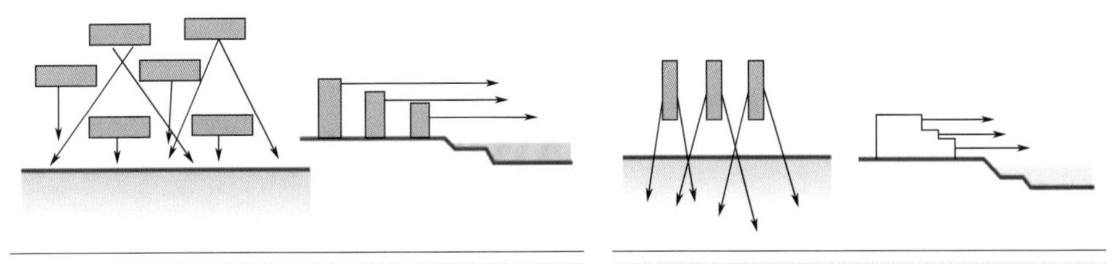

图4-27　建筑布局与岸线关系：平行岸线

图4-28　建筑布局与岸线关系：垂直布置

城市滨水空间与水域之间的视觉联系可以有效加强城市与自然环境之间的融合，为人们提供了更多的接触自然的机会。为了保证尽可能多的住户观赏到水域景观，在平面布局中，应保持建筑的前后错落布置，在立面形态上则保证滨水建筑的高度向水面逐步跌落，这就需要在寻找居住空间模式的时候，注意因势利导，两种建筑与岸线的组合方式混合使用，最终达到让尽可能多的市民享受到水域这一城市公共资源。

（2）以水域为核心景观的居住空间——双重模式

在滨水居住空间中，有些以水域为中心景观，围绕水域展开布局。规划设计时在把握好建筑亲水性的条件下，可将整个小区围绕中心水体分为北、中、南三段区域，试图在中段区域采用台阶式的建筑形式垂直于岸线布置，并以此为整个住区空间结构的基础，南北两端平行于岸线布置（图4-29、图4-30）。这两种模

图4-29　插向水体的住宅楼

图4-30　双向模式下的总体布局

式混合布置，因地制宜地建立起了建筑与水体的关系，并很好地保证了所有建筑的朝向问题，无论从正面还是从侧面都能确保有很好的景观效果。尤其中段区域垂直岸线的建筑为每个居住单元都提供了良好的观水条件，同时强化了水体对整个小区的辐射作用。建筑之间的间隙很好地沟通着通向周边环境的实现，丰富了小区内部的景观层次。

(3) 水系东南走向，朝向不突显——垂直为主、平行为辅

结合地形特点，此类滨水居住空间的布局，临近水面的区域以垂直于水面的台阶式住宅建筑为主题，后区的建筑形式则是以平行于水面走向为特征，整个空间结构对比鲜明、主次分明，多样性明显，此种布局模式最大限度地实现了高容积率下的景观共享。

同时为确保尽可能多的住户能够欣赏到水体景观，将建筑长短结合、平行错列式排开，同时为避免整个水系岸线的单调，为滨水岸线提供更加丰富的景观效果，可在两段住区内通过景观节点将其划分，营造丰富多彩的、富有节奏的岸线景观（图4-31）。

(4) 非正南北格局的滨水居住空间——纯粹的垂直模式

在非正南北格局的滨水地块，建筑以南偏东45° 的方向布置，在总体布局上呈现出纯粹的垂直模式。这种建筑朝向相对不是十分敏感，结合地块特征，让这种布局形式成为可能，并能确保绵延岸线的所有住户都可以足不出户而“坐拥山水”，准确把握并完美平衡了景观与观景之间的关系，加强了整个城市景观的纵深感。同时考虑城市设计的要素，通过适当引入舒缓的开放结构，宜人的小尺度空间的转换等方式，形成临江区域与整个核心区的鲜明对比，营造“千家枕水”的宜人空间景观格局。为了与一些台阶式造型相呼应，可在垂直于水岸布局的建筑之间穿插一些点式高层住宅，从而呈现完美的城市轮廓线[11]（图4-32）。

图4-31　台地地形建筑与观景的考虑

图4-32　纯粹垂直模式建筑布局

4.4 景观生态学指导下的滨水生态空间的规划设计

4.4.1 景观生态学理论与滨水生态空间的规划设计

景观生态学用“斑块—廊道—基质”来解释景观结构的基本模式（图4-33）。完整的景观空间体系是由城市绿地斑块、城市绿地廊道、城市景观基质、城市景观边界所构成。在滨水空间的规划设计中引入生态景观理念，可以对景观结构与功能的关系有更深一层的了解。良好的景观生态格局既是城市设计的根本要素，也是确保城市生态环境可持续发展的基本条件[12]。

无论是研究自然生态景观，还是城市的空间布局，都必须坚持整体研究的原则，即城市和自然是一个有机整体，城市要融入自然，自然要深入城市。城市和自然是一个有机的整体，这不仅是城市景观的需要，也是城市生态保护和生物多样性的要求。因此南宁城市景观生态格局的构建，必须以景观生态学为指导，以保护自然生态、凸显地域特色、维护景观生态过程与格局的连续性、建立城市生态廊道等为原则。

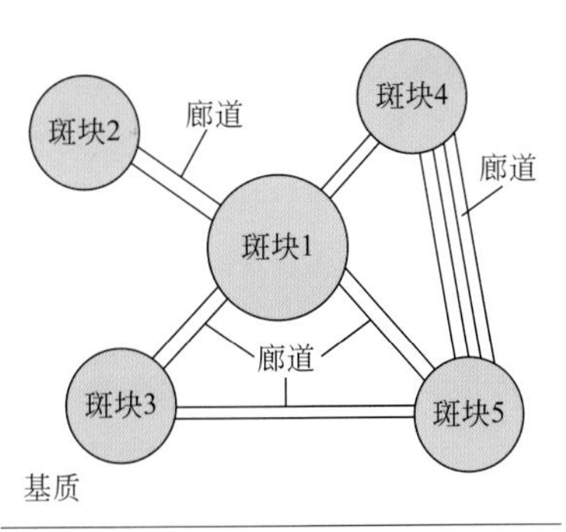

图4-33 景观模式示意
（资料来源：作者自绘）

4.4.2 南宁水城景观生态格局的构建

景观由大小各异的斑块组成，这些斑块在空间中的分布就成为景观生态格局。一个区域的生态保护效果，既决定于受保护的范围，又与区域的空间格局息息相关。一个合理的景观生态格局必须具备以下特征：首先必须要具有大的重要的区域生态功能区，也就是通常所说的生态核心斑块，主要起区域水源涵养、生态保护和生态平衡的作用。南宁主要的生态敏感斑块包括：现有和拟建的自然保护区、重要生物多样性保护湿地、阔叶林和针叶林密布区，以及重要的河流、水库、湖泊等重要的水源涵养敏感区等；其次必须要保证具有连通性良好的生态廊道，目的是方便物种、能量以及生态信息在空间上的传播，并在必要时充当隔离斑块的作用，南宁景观生态格局中的廊道网络主要包括绿廊、水廊以及湿地廊道等；再次是区域中的小型自然斑块和廊道必须尽可能多的保留，在增加景观异质性的同时，为一些小型生态群提供了良好生境。

（1）青山为屏、邕江为脉、蓝脉绿羽的景观格局

南宁水网建设中，为扩大水域面积，给市民提供更多亲水机会，在原有水系基础上，将江、河、湖，溪水体全部连通，形成循环系统。在此基础上，绿城建设更加巩固，将建设更加完善的绿地系统，结合水系，形成“青山为屏、邕江为带、山水相衔、绿羽成脉”的绿地系统主结构，该结构有效整合了南宁市的生态资源，建立了南宁市独具特色的生态系统网络（图4-34）。

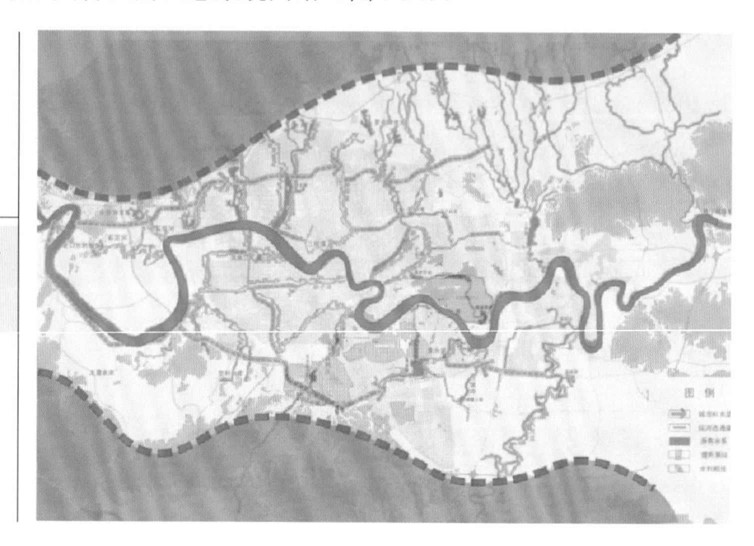

图4-34 青山为屏、邕江为脉，蓝脉绿羽
（资料来源：作者整理）

① 青山为屏

南宁市位于邕江河谷盆地，中心城南、北、西方向是以圈层环绕的“山、水、田、林”体系，这种圈层的自然结构是南宁市整个绿色生态体系得以维系的基础，是保证南宁市城市生态安全的必要前提。绿地系统最大限度地依靠和利用这个天然生态支撑，整合中心城外围各种生态资源，建立南宁市中心城外围的生态屏障，并使之与规划区内以邕江为主脉，以各支流为支脉展开的羽状绿地系统骨架有机联系，实现内外生态系统的融会贯通。

② 邕江为带

邕江作为南宁的母亲河，在生态和城市发展战略上都有着重要的地位，邕江及其支流共同形成“蓝脉”，作为城市生态空间发展的依托，加大邕江及其支流的生态防护林建设力度，形成一个向外延展至中心城外围绿色屏障的羽状网络，将整个城市的绿地系统都嵌置在“蓝脉绿羽”的格局里[13]。

邕江沿岸绿化带作为城市发展的生态主轴，通过邕江支流——马巢河、石埠河、石灵河、西明江、可利江、心圩江、凤凰江、朝阳溪、良凤江、那洪江、沙绿江、水塘江、八尺江、竹排冲、书林坑等水系两岸形成的楔形滨水绿地，连同其他层面的绿地：生产绿地、铁路防护绿地以及公园绿地等，将这些绿地有机连通，共同打造邕江蓝脉向城市延展的绿色廊道。各支流穿行城市段的滨水绿地基

本上以带状公园形式出现，在局部两岸适当拓宽形成公园，作为绿色网络间均衡点缀的绿色节点。

（2）山、河、江、城的景观格局

南宁市滨水生态空间景观生态格局基于“青山环抱、邕江穿绕、河网密布”的自然生态环境本底及承载能力，其生态景观空间格局构建以山、河、江、城为基础，形成“沿江生态廊道”、“山水连通、江河汇通”的网络式“蓝道”系统。同时伴有大量防护林带、公园、生态绿地等，共同建设成为层次丰富、功能多样、立体化和复合型的网络式生态结构体系，形成了“城市中的山水、山水中的城市”集山、水、城于一体的生态景观格局，构建了平衡于城市体系的自然生态体系。整个景观生态格局构建以滨水区周边的“山、水、林、田”为基本生态支撑体系，与内部邕江绿地主脉、绿地支脉形成的“羽状”绿地网络相互融汇形成绿地系统主结构，注重生态可持续发展、人与自然高度和谐，生态良性循环的都市生态环境发展策略[14]（图4-35）。

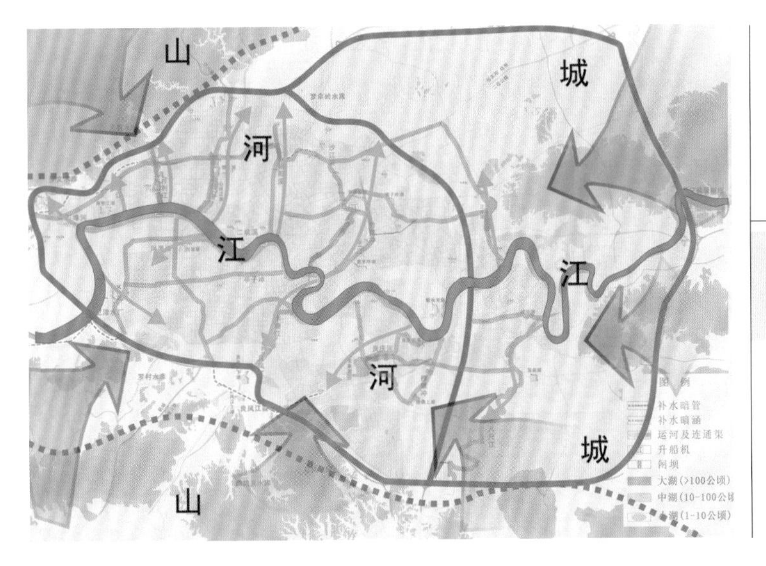

图4-35　山、河、江、城景观生态格局
（资料来源：作者自绘）

（3）一轴两环四廊多绿点的景观格局

整个滨水生态空间的绿色网络以滨河和道路防护绿地为主，同时与公园绿地等绿色斑块有机联系，形成城区绿地系统布局结构。道路绿地总体上呈现“两环”、“四廊”的结构，公园绿地的规划突出与道路、滨水绿地构成的绿网的有机联系，并形成“双山双湖”四处特色绿地（图4-36）。

“一轴”是指沿邕江展开主要生态景观轴，滨水空间中各个景观节点都分布在邕江两侧，整个景观沿邕江展开，形成一条贯穿整个城市的东西向的重要生态景观廊道。

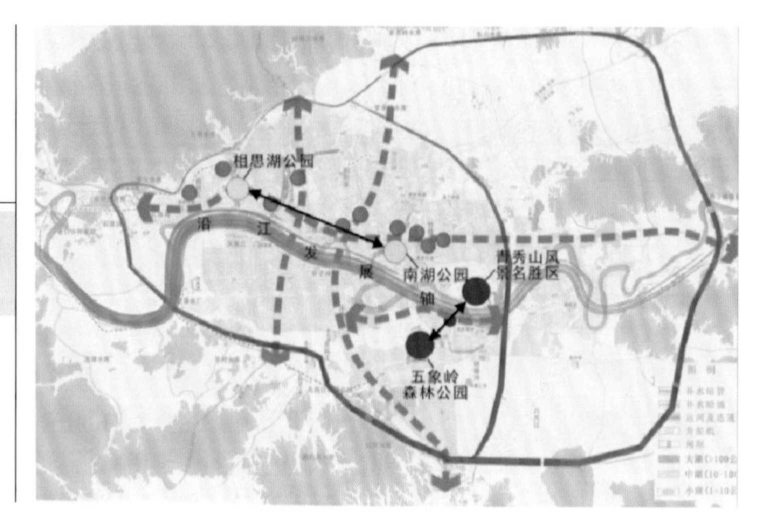

图4-36　一轴两环四廊多绿点
（资料来源：作者自绘）

“两环”是指城市高速公路两侧绿化环、快速环道两侧绿化环共同构成的城市生态骨架。它们作为蓝脉绿羽的有机承接，为城市内外空间的通达与连贯提供了绿色中转站，使得这些由邕江向外延展的支流不仅与城市外围的绿色大背景相连，彼此间也通过两条公路绿带密切相连。

“四廊”，由江北大道—民族大道、邕武路—望州路—星光大道—银海大道、安吉大道—友爱路—明秀西路—壮锦大道、金沙大道—五象大道四条连通的干道两侧的绿化带共同构成，四条绿色廊道通过两环的连接，构成了城区道路绿网的骨架，同时，这四条绿廊道也是营造城市特色道路景观的重点线路。

“双山双湖”是指公园绿地在构筑沿江绿线网络体系的基础上，结合自然地貌特点，并按照合理的服务半径规划设计格局特色的公园绿地。其中，青秀山及五象岭构筑了整个城市的“双山”的绿色屏障，而业已建成的南湖公园以及规划建设的相思湖公园（即可利江公园）凭借其重要的地域位置、良好的生态环境、优美的自然景观条件及功能完善的现代风景旅游区的地位而成为公园体系中的“双湖”亮点，连同沿邕江两岸规划的带状或块状公园，如朝阳广场、人民公园、金花茶公园、五象广场、石门森林公园等，构成了城区的多个绿点，不仅能够有效改善生态环境，提升城市形象，而且能够增加居民日常休闲空间，提升居民的生活品质，创建宜人的人居环境。

4.4.3　景观格局完整性和整体性的维护

邕江是南宁市水系空间和城市历史文化发展的主要轴线，通过水系的连通、拓展和引导作用带动整个城市分别向南和向东发展。结合滨水生态空间中大型水体以及具体水景的规划，形成完整的“水”、“城”交融共依、和谐共生的景观生态格局。对于一些河网充足、湖塘水体资源条件良好的城市组团，可通过修复与连通水系，塑造“街倚水走，水依街生”的滨水生态景观格局。为确保整个格局的完整性和整体性，就必须加强区域景观格局的融合以及建立多样化的生态廊道和景观斑块的连接度，以确保景观生态格局的完整性和整体性。

（1）区域景观格局的融合

滨水区往往处于景观过渡区域的生态脆弱带，是人为景观与自然景观的连接枢纽。规划设计时，尽量保护自然景观的完整性，加强滨水空间景观与城市自然斑块的连接，景观基质与城市自然景观基质的连通。南宁的整个市域可划分为六类生态功能区，分别是生态脆弱区、水源涵养区、生物多样性功能区、生态农业区、南宁城市建设与工业环境生态功能区和南宁中心城生态功能区。但目前城区与区域景观尚未形成有机整体，各个斑块之间缺少有机联系。没有维护和利用好一些重要的自然过程与景观格局的联系通道，其中包括水系廊道，最终导致了城区内外景观生态过程与格局上都缺少连续性。然而南宁水城滨水空间自然条件优越，地形丰富，青山环绕、邕江穿绕、河网密布，可充分利用这些有利条件建设各种自然风景区、自然保护区、森林公园、防护林带、林荫大道、环带、森林大道等，将这些景观节点与城市景观网络融会贯通，促进两者之间的交流，缩短人与自然之间的距离。

规划设计时，从整个地区出发，整体考虑，各景观斑块之间通过林荫步道、景观小品、自行车道以及植被等来连接，维护生态系统连续性。为充分发挥滨水绿带的城市美化效果，以通向滨水地带的“通道”来延伸滨水景观带。线性公园、步道、林荫大道以及车行道都成了与城市内部取得联系的关键因素，采用在适当地区放大建设公园、广场等方式，在重点地段设置城市地标或环境小品。

绿带与城市内部的联系可通过线性公园、步道、林荫道以及车行道等来实现，在适当区域可将重要节点进行处理，将其放大形成公园或广场等，在重点地段可考虑设置地标或环境小品。通过点线面的有机结合，达到扩散和渗透绿带到城市内部的目的，这些绿带与城市其他绿地元素共同构成了完整的绿地系统。如利用可利江、心圩江、朝阳溪的楔形绿地将相思湖公园、心圩江公园、南宁动物园、朝阳广场、人民公园等联系起来，通过南湖和竹排冲楔形绿地将五象广场、石门森林公园、南宁国际会展中心、金花茶公园、南湖名树博览园等连接，通过良凤江沿线绿地连接青秀山风景区、南宁市体育中心、五象岭森林公园等分别连接成环，并且各个循环都与邕江相通，形成了一轴三圈的生态循环体系（图4-37）。

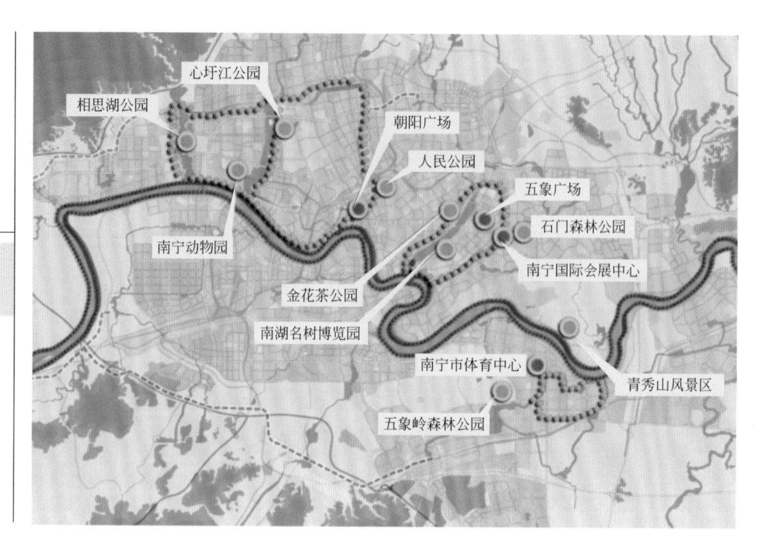

图4-37　各景观节点的区域融合

（2）完整的生态廊道网络

维护城市内自然斑块与作为景观背景的自然山坡地和水系网络之间的联系是景观生态学所要重点强调的内容，它们之间的联系主要是通过廊道取得连接，如水系廊道、防护林荫道、道路绿地廊道等。城市生态安全维护的关键便是维护区域山水格局和大地肌体的连续性和完整性。南宁以其得天独厚的河流资源优势，可通过水城建设，以水系为轴线，连接沿河岸线的公共绿地与景观节点，着力打造“城水相依，人水亲和”生态网络系统。从而保持整个系统的生态通畅性，进而保护生物多样性。为了防止景观破碎，必须在相对孤立的斑块之间建立以下几种廊道。

① 水系廊道：南宁市区各种水系星罗棋布，各种河道、溪流、湖泊、水塘对维护城市生态都起着极其重要的作用，自然是连接各个斑块的重要廊道。

② 防护林廊道：在江两岸设置各宽50～100米林带，山地增宽至第一层山脊，营造邕江沿线防护林带，是南宁生态景观格局中最重要的廊道。

③ 绿带廊道：朝阳溪、可利江、心圩江、竹排冲及凤岭段支流、马巢河、良凤江、水塘江、官坟冲等溪流两侧绿带除局部地段和特殊情况外，最小绿化带宽度在河道两侧应不小于30米，这些楔形绿地都成为景观格局中不可忽视的廊道系统。

（3）景观斑块的连接度

斑块是一种非线性景观元素，区别于周围背景，与周围基质有着不同的物种构成。它作为一种物种聚集地，其大小、类型、形状、数量和边缘对景观结构的架构都有着重要意义[15]。在进行景观绿地斑块的规划时，斑块越大、数量越多，则其之间的连接度也越大，并能取得更好的生态效益，对景观格局的连续性和完整性起着决定性的作用，因此必须加强景观斑块之间的连接度。

滨水空间包含有各种自然斑块、次生自然斑块和功能斑块，通过各种生态廊道将其连接，使其能最大限度发挥景观生态功能。切忌在规划设计中将布局结构与水系分开考虑，而必须要充分利用水系廊道将各种斑块连接，以保证各个斑块与水系之间的有机联系，这些联系可为生物在生存上提供一个连续空间，保护生物多样性。

4.4.4 景观生态格局中廊道的规划与控制

滨水生态空间的规划设计，既要能很好地发挥生态效应，又要有良好的景观特色，从整个滨水区的层面上看，生态区域的规划设计要注重整体性和系统性，使其能够成为整个滨水区空间序列中特色的景观节点。因此在设计过程中一定要以维护景观生态格局的完整性以及生态效应的发挥为目标，这一目标实现的途径就是对景观生态格局中廊道的规划与控制。南宁城市景观生态格局中对生态功能发挥影响显著的廊道系统主要指绿地廊道、水系廊道以及湿地廊道等。

(1)完整的绿地廊道系统控制

任何事物都不是孤立存在，都必须与其周围的环境有机联系而成为整体，廊道作为实现各斑块空间联系的主要结构，可有效维护自然与景观生态格局连续性，而这一连续性的维护又是城市绿色景观系统构筑的有效方法，只有将散落在城市中的绿地系统连续并有机结合城市自然生态，才能形成完整的绿地景观系统，实现滨水生态空间建设与自然环境的协调共生与发展。因此在规划设计过程中，必须有效界定内河水系的滨水绿化控制线，使其与城市其他绿化空间相连通，确保整个城市绿地系统的整体统一性，构建完整的绿地廊道网络。

① 穿越中心城内的邕江作为重点城市生态绿地建设地段，形成沿江滨水景观带。沿江标高72米江岸线以上至50年一遇水位线80.5米之间（或常水位线至已建成的防洪堤外线之间）为绿化用地控制线。

② 沿城市内河形成插入城市的楔形绿带。朝阳溪、可利江、心圩江、竹排冲及凤岭段支流、马巢河、良凤江、水塘江、官坟冲等溪流两侧绿带应分别进行景观现状调查和勘测后根据实际情况划定，除局部地段和特殊情况外，最小绿化带宽度在河流两侧应不小于30米。

③ 竹排冲河道中心线两侧各50米范围为绿化用地控制线："绿线"之外50～100米的范围为景观控制线，景观控制线之内的用地建设必须与滨河景观相协调。凤岭段支流南岸控制线为紧邻河道的城市支路红线外边缘：北岸从厢竹路至凤岭公园西侧段控制线为河道中心线向外25米，凤岭公园至源头段为紧邻河道的城市支路的红线外边缘。

④ 南湖的绿化控制线规定为南湖四周常年水岸线以上100米的范围。“绿线”范围内不允许再进行景观建筑物及构筑物的建设，原有与湖滨景观不协调的建（构）筑物应逐步搬迁、改造。

⑤ 可利江的绿化控制线为沿江城市规划道路内的用地，景观控制线为“绿线”之外50～100米的范围。

⑥ 心圩江两岸除规划的公园位置外，绿化控制线为河岸两侧30米范围，景观控制线为“绿线”之外50～100米的范围。

⑦ 可利江与心圩江的“绿线”范围内的违章建筑一律予以拆除，不允许再进行与绿化景观无关的建设活动。景观控制区不鼓励进行新的建设和开发活动，对有必要进行开发的项目，对其开发强度和建筑的体量、高度、风格、形式、色彩等应进行严格控制。

通过这些绿线的控制，可以实现对各个斑块的连接，形成完整的绿地景观系统，并同时发挥景观功能与生态效益的双重属性。

（2）“绿廊—水廊”的廊道网络控制

在现有绿化的基础上，充分利用发达的河流水系，以城市重点景观河道——邕江、可利江、心圩江、朝阳溪、竹排冲、良凤江、水塘江、八尺江为主题形成贯穿城市的水网，同时结合沿河流和主要城市道路布置的大中型绿化公园、绿化带，形成的绿网，建立起城市生态网络，形成城市与自然相依的良好城市内部环境。结合水脉的整治和风景区、森林公园等公园绿地建设，在城市中形成以青秀山、五象岭为主体的大型城市“绿心”形成城市中的大型绿色开敞空间，营造城市绿肺，保证城市环境的内在生命力，与水系共同形成网络，维持区域生态系统的完整性，达成城市内良好的生态循环（图4-38）。

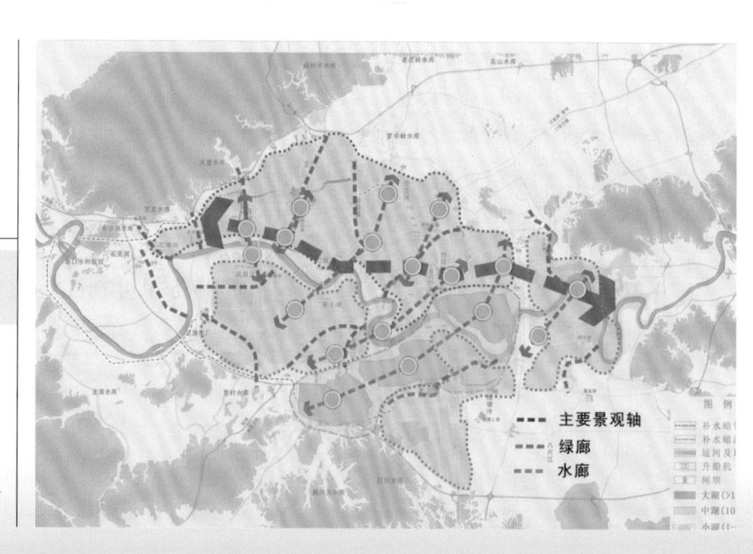

图4-38 廊道网络控制
（资料来源：作者自绘）

（3）湿地廊道网络的控制

湿地是指天然或人工，长久或暂时的沼泽地、泥滩或水域地带。南宁水城城市湿地包括河流湿地、湖泊湿地、稻塘湿地和库塘湿地。

河流湿地包括南宁市中心城范围内的邕江及其多条支流（石灵河、石埠河、西明江、心圩江、二坑溪、朝阳溪、竹排冲、马巢河、凤凰江、亭子冲、水塘江、可利江、良凤江），河堤内侧多年平均水位线以下的荒地、滩涂、受河流水位影响形成的水塘等地区。

湖泊湿地包括南宁市内的自然湖泊和城市公园、单位附属绿地中面积较大的水面。如相思湖、南湖、人民公园、广西大学、广西民族大学校园内的湖。

稻塘湿地包括西乡塘区、江南区及其他各区的水稻田、养鸭塘、养鱼塘、荷塘等。

库塘湿地主要指山塘及水库，包括天雹水库、金沙湖水库、步锡水库、罗文水库、林李桥水库、蜡竹湾水库、贼绿坪水库等。

由于人工开垦、沟渠排水以及修建水利工程等原因，这些湿地多呈斑块状分布，出现支离破碎、斑块间相互远离的现象，为缓解这种破碎化所带来的生态环境问题，则必须确保廊道的建立。如何通过廊道的构建最大限度地保证各个湿地斑块之间良好的物质联系和流通，对湿地生物多样性的保护以及生态功能的发挥都具有重要的科学和实践意义。

湿地是位于水陆过渡地带的生态系统，考虑到景观位置特殊性，廊道特征也区别于其他景观廊道，即必须有特定内部主体存在于廊道内部，如河川、溪流、湖泊、道路、沟渠、树林以及连串破碎化湿地小斑块等，由它们所构成的湿地廊道，具有转移物质、能量流动、迁移物种等多种功能，充分保障生态效应发挥[16]。

通过湿地生态廊道的作用，将各类湿地连接起来，可以形成更大的湿地生态系统，为湿地中的生命提供更为广阔的活动空间，湿地中的动植物可从一处湿地进入另一处湿地，利于向更适合自己的生活环境迁移，有利于湿地系统生态功能的发挥。湿地廊道在形状上，可以是线状、带状、抑或是面状，如天然的河道、湖泊以及人工干渠、岛状林等都可以作为湿地间自然或人工的廊道。

南宁水城滨水生态空间湿地廊道在具体规划时可在沿河两岸保护和恢复水域生态湿地、滩地、湖泊等自然生态用地，以促进水域生态稳定性，或结合现有水系规划湿地公园——如八尺江、金沙湖、太阳岛和可利江等类似的湿地公园；也可结合湿地植物展示，生态净化流程的教育科研项目，设计成特色鲜明、功能完善的专类公园；规划东南亚风情博物园（由原石门森林公园改建，新建成一批主题景区景点，以展示东盟各国风土人情为特色）。其总体构建上以南宁盆地为依托，以邕江及其支流构成的羽状水系为骨架，以河渠、水道为纽带，以水库和湖泊、池塘为湿地组织，构建多层次、多功能、点线面相结合的湿地生态网络体系。

参考文献

[1] 赵健，仝颂．城市滨水区生态景观营造[J]. 建筑设计管理，2009，26（9）：57-58.

[2] 杨帆．南方地区城市滨水空间形态特色构建研究[D]. 中南大学，2009.

[3] 易敏．城市特色景观塑造研究——以南宁市为例[D]. 中南林业科技大学，2006.

[4] 黄跃昊，尹述彦．城市滨水地区公共性的实现与提升研究[J]. 城市规划，2010，27（3）：51-53.

[5] 谢浩．现代岭南建筑的设计方向[J]. 室内设计，2010，25（1）：61-64.

[6] 潘巧莹．岭南水景住区规划设计初探[D]. 武汉：华中科技大学，2006.

[7] 周丽彬．塑造有意味的滨水住宅群——福州市滨水区住宅设计研究[D]. 南昌大学，2008.

[8] 彭颖，李国庆，贾慧献等．水景住区设计的新构想——衡水天元怡水花园水景公寓项目设计[J]. 住宅科技，2006，27（4）：30-33.

[9] 张国平，杨晓梅．论风环境在建筑设计中的巧妙运用[DB/OL]. http：//www.docin. com/p-278909241. html.

[10] 王莺．重庆地区住宅建筑设计与气候[D]. 重庆大学，2003.

[11] 蔡永洁，黄林琳．“景观”与“观景”之间——滨水居住空间模式的思考与三次尝试[J]. 建筑学报，2008，45（4）：32-35.

[12] 翁奕城，王世福，吴婷婷．传统岭南水乡空间模式在现代城市设计的应用研究——以广州市白云湖地区城市设计为例[J]. 南方建筑，2011，（1）：22-25.

[13] 李舒萍．南宁市公园绿地景观格局及防灾避险研究[D]. 广西大学，2010.

[14] 李永春，梅雪．基于生态与景观安全格局的城市新区空间规划——以泉州市东海新区为例[J]. 国土与自然资源研究，2010，32（3）：14-15.

[15] 王军，傅伯杰，陈利顶．景观生态规划的原理和方法[J]. 资源科学，1999，21（2）：71-76.

[16] 姜明，武海涛，吕县国，朱宝光．湿地生态廊道设计的理论、模式及实践——以三江平原浓江河湿地生态廊道为例[J]. 湿地科学，2009，7（2）：99-104.

5

南宁水城旅游开发策略

5.1 城市旅游发展概况及主题定位

运用水城旅游开发的相关理论以及对水城旅游开发的基础认知得知旅游开发主题定位势必先行，城市旅游主题定位为旅游开发指明了方向。对城市旅游进行主题定位又需以城市旅游发展现状为依据，旅游资源为基础，同时水城建设给城市旅游开发注入了新鲜的血液，因此通过对城市旅游发展现状的分析，旅游资源评价和水城建设对城市旅游开发的推动作用来归纳总结城市旅游主题定位。

5.1.1 南宁城市旅游发展现状

(1) 区域背景

南宁市位于广西南部，地处亚热带，是广西壮族自治区的首府，是一座具有深厚的文化积淀，历史悠久的边陲古城，其坐落在南宁盆地中部邕江两岸。

南宁市有很好的交通区位优势，具有两近（近海、近边）两沿（沿江、沿线）的特点，毗连粤港澳，背靠大西南，面向东南亚，是连接东南沿海与西南内陆的重要枢纽。目前南宁有比较完善的综合交通运输网络，使得南宁与国内其他地区以及东南亚各国的贸易往来不再停留在陆路交通上，而是形成了水陆空三维立体的贸易交通网络，南宁可以作为整个大西南地区与东南亚国家和地区进行双向交流的基地。

(2) 社会经济

① 人口

根据《南宁市2010年第六次全国人口普查主要数据公报》，全市2010年统计数据常住人口为666.16万人，全市常住人口中，汉族人口为312.5万人，占46.91%；各少数民族人口为353.66万人，占53.09%，其中市区人口为344万人。

② 经济发展

2009年南宁市财政收入累计231.20亿元，比上年增长20.93%，超额完成自治区下达的227.5亿元的任务。城镇居民人均可支配收入16254元，同比增长12.52%，全市生产总值（GDP）1492.38亿元，相较上年增长15%。

2010年全市财政收入达到300.88亿元，同比增长30.13%，地区生产总值达到（GDP）达到1800.43亿元，按可比价格计算，比上年增长14.2%。农民人均纯收入5005元，城镇居民人均可支配收入达到18032元，财政收入有了新的突破。

2011年南宁全市生产总值（GDP）2211.51亿元，按可比价格计算，增长13.5%。2011年南宁全部工业总产值首破2000亿元，全社会固定资产投资首破

2000亿元，社会消费品零售总额首破1000亿元，财政收入突破360亿元，南宁国民经济持续快速健康发展（表5-1，图5-1）。

表5-1　南宁近年经济数据统计表

年份	财政收入/亿元	GDP/亿元	人均可支配收入/元
2009年	231.20	1492.38	16254
2010年	300.88	1800.43	18032
2011年	363.52	2211.51	20735

资料来源：南宁市2012年政府工作报告。

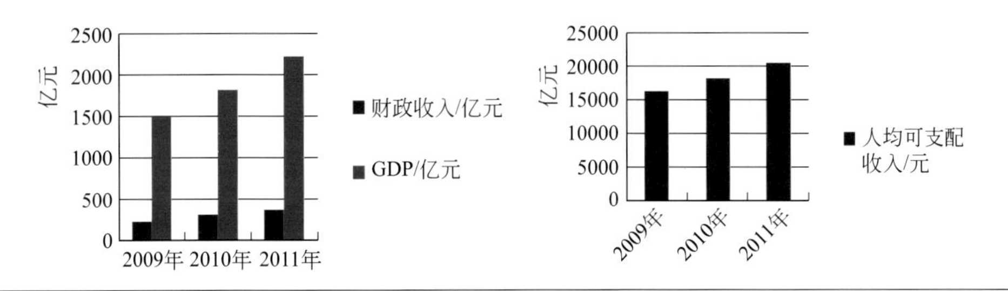

图5-1　南宁近年经济数据统计

（资料来源：南宁市2012年政府工作报告）

③ 产业结构

南宁产业演变历程经历了由农业地区向工业化地区转变的过程。1980年，南宁是典型的农业地区，产业结构呈现出“一、二、三”结构；1986年，产业结构呈现出“二、一、三”结构；1989年，产业结构呈现“二、三、一”结构；从1991年开始，产业结构就演变成目前的“三、二、一”结构了。

从产业演变过程就能看出，南宁的工业化进程不充分，工业还没有充分发展起来，或者说一直处于滞后状态。目前，南宁市第三产业结构偏高，第二产业滞后已经成为产业发展的两大弊病。

“十五”期间，经济结构进一步优化。三次产业比重由2000年的23.19 ∶ 27.88 ∶ 48.93调整到2007年的14.92 ∶ 34.56 ∶ 50.52。农业结构进一步优化，畜牧业、渔业得到较快发展；农业产业化进程加快，形成了甘蔗、木薯、茉莉花等特色优势农产品产业链。工业保持快速增长，机制糖、机制纸、水泥、铝材、烧碱等优势产品产量大幅度增加，农副产品加工、烟草制品、化学原料及化学制品制造、医药制造、建材等行业快速增长。商贸、交通等传统服务业继续保持强劲的发展势头，旅游、信息、房地产等新兴服务业快速发展[1]。

（3）城市旅游

2004年制定的《广西旅游资源整合开发概念性开发》将南宁定位为区域性国际旅游目的地和游客集散中心，把南宁建设成为亚热带自然风光和壮民族风情特色突出，中国绿城、壮乡歌海、会展之城等品牌形象鲜明，以购物中心、美食天堂、休闲度假、商务会展、文化体验和旅游观光为主要功能的区域性国际旅游目的地和旅游集散中心。

随着政府对旅游业的重视，南宁旅游业在近年来得到了突飞猛进的发展。2011年，南宁市接待入境旅游者167.7万人次，同比增长22.5%；旅游业总收入2.39亿元，同比增长20.3%[2]。

5.1.2 南宁旅游资源现状特征

对南宁市的旅游和资源现状总结而言，南宁市旅游资源的自然禀赋并不高，但其各类旅游资源的空间序列组合较好，资源规模总量较大，整体旅游资源的价值较高。但是自然景观对城市山水和自然地貌的利用不够，导致地域性观赏植物构成的美感与季节变化性不够，城市建筑景观与空间布局，缺乏地方特色及鲜明的地域文化脉络；最关键的是南宁市目前缺乏精品旅游项目，南宁市青秀山风景区、良凤江森林公园、扬美古镇算是到访率较高的景点。

（1）资源构成（表5-2）

表5-2 南宁市旅游资源一览表

主类	旅游景点（区）	资源名称	旅游特色
自然景观类	青秀山风景区	亚热带雨林景观	亚热带风光
		泰园风情	异国风情
		苏铁园	植物品鉴
		龙象塔	历史遗存、科研教育
		三宝堂	文化传承
	良凤江森林公园	植物王国	奇珍异兽、水杉倒影、苍翠松海、密林寻幽、科研教育
		凤江瀑布	瀑布奇观、奇山秀水
		菩提姻缘	望景思古
	人民公园	野趣荫园	亚热带雨林风光、林间野趣、休闲科普
		龙潭观鱼	望景思古、水光山色
		镇宁炮台	革命教育、博古思今
	金花茶公园	金花茶恋	植物观赏、花卉品鉴、科普研究
	南宁市动物园	动物野趣	观赏学习、马戏表演
	狮山公园	狮山竹海	自然观光、休闲游憩

续表

主类	旅游景点（区）	资源名称	旅游特色
自然景观类	广西药用植物园	药林浴场	休闲度假
		育药基地	教育科研
	亚热带植物科普园	生态果园	采摘、体验
		亚热风光	植物观光、科普教育
	天雹水库森林度假区	天雹蓬莱	垂钓、山水观光
		桃花涧	野炊烧烤
		桂花园	植物观光、垂钓
		飞索横渡	休闲体验
	大王滩水利风景区	凤凰碧波	山水风光
人文景观类	广西民族文物苑	铜鼓巨雕	文物遗存
		侗族风雨桥	民族风情
		镇边大炮	文物遗存
		瑶家竹楼	民族风情
		苗家吊脚楼	民族风情
	新会书院	新会书院	文物遗存
	南宁雕塑园	南宁雕塑园	爱国教育基地 风光秀丽
	杨美古镇	杨美古风	千年古镇、革命教育、历史遗存
		龙潭夕照	植物奇观、古镇掠影
		月夜金滩	月夜沙洲、江面渔火、江心朗月、江面繁星、江边嬉鹭
		下楞街楼	完好清末民初古街、奇石林立、街牌古色古香、民族文化底蕴浓厚、逆水划龙舟、无孔笛表演
	黄氏古屋	黄氏古屋	完好的古建筑群、人文景观
	邕宁顶狮山贝丘遗址	狮山遗址	新石器时代晚期古人类遗址、层次清楚的文化序列
城市景观类	南宁国际大酒店	日月旋宫	标志性建筑、摄影
	朝阳广场	朝阳广场	晨练、集会中心
	南湖广场	南湖广场	休闲游憩
	琅东新区	琅东新区	城市新貌
	民族广场	民族广场	音乐飞扬、喷泉大观、民歌表演
	明秀广场	明秀广场	音乐喷泉
	商业步行街	商业步行街	购物休闲、旅游观光、环境优美、具有亚热带雨林群落生态特色
	南宁国际会展中心	南宁国际会展中心	标准性建筑、会议举办地、观光游憩、摄影

资料来源：参考相关资料，作者编制。

(2) 资源评价

① 迷人的南亚热带自然风光，令游客流连忘返

目前南宁市拥有1处国家4A级旅游区，即青秀山自然风景区；2处3A级旅游景区，即伊岭岩风景区、良凤江国家森林公园；13座区级公园。地处南亚热带的南宁有着得天独厚的山、水自然风光，充分利用这些秀美的自然资源，构筑“山奇、水秀、洞幽、景绿”的优美城市旅游环境，令游客流连忘返，满足当今游客追求自然、超脱自我的需求。

“山奇”——南宁周边群山环绕，山体秀美，尤其以青秀山和大明山为佳。青秀山原名青山，又称泰青峰，被誉为“南宁市的绿肺”，是国家首批4A级旅游区。整个风景区林木青翠，山势秀拔，最高峰凤凰岭海拔289米，林木繁多，苍翠茂盛，遮天蔽日，清风过时，发出海涛般的声浪，有“山不高而秀，水不深而清”的美名。大明山是北回归线上的绿色明珠，原始森林、珍惜生物、古老地层，是一个巨大的生物基因库。山地景观多姿多彩，类型多样，桂中第一峰的龙头山海拔1760米，有典型的亚热带大峡谷风光，极富传奇色彩的天坪草甸，海洋古生物化石，集雄、奇、秀、幽于一体，因其独特的气候环境，四季景观各具特色。

“水秀”——南宁河湖纵横，位于市区的南湖湖面宽广，杂生花木。湖岸富亚热带特色的花卉草木，湖光水色，碧波荡漾，泛舟湖面飘玉带，踏青湖滨馨花木，呈现一幅迷人景色；邕江作为南宁的母亲河，不仅是南宁历史悠久的文化源泉，更为城市经济健康发展提供了厚实的基础保障，河水平静而安适地流淌，横贯邕城东西，见证了这座城市的沧桑巨变，哺育了两岸生生不息的居民。横县九龙瀑布是由十多条落差30多米、宽20多米不等的瀑布组成，飞瀑从天而落，宛如洁白的丝带垂挂山间，蔚为壮观。

“洞幽”——南宁地貌奇特，属典型的喀斯特地貌，奇峰迥异，溶洞深幽，石景奇妙的形体、色泽、质感、线形、声响，能产生无穷的比拟和联想。溶洞水景有地下暗流、河湖潭池、瀑布跌水、泉溪水帘等。溶洞气象是指因洞体构造和空气的湿度、温度、气流变化所形成的溶洞景象，常见的有暖、冷、风、气等小气候现象。洞内外湿度差较大时，溶洞内常出现气、雾、云的景象，冰洞即使在盛夏季节，洞外百花盛开，而入洞不远却是厚厚的冰层，气象异变加强了溶洞风景的神秘气氛。武鸣伊岭岩是一座典型的喀斯特岩溶洞，据地质专家推断，伊岭岩形成于一百万年前，溶洞状若海螺，分三层，迂回曲折，变化无穷，是国家3A级风景旅游区；金伦洞是广西喀斯特地貌最大、最深、最长，景观最丰富的原始石漠溶洞，被称为广西五大自然景观之一。

“景绿”——“绿城”是南宁市的别称，因其地处南亚热带，气候湿润，雨量充沛，光照充足，因而亚热带植被丰富，四季常青，素有“半城绿树半城楼”的美誉。又因其河湖湿地纵多，处处绿叶婆娑，满目青翠，四季花果飘香，因而

又有花园城市的盛誉。城市中青山环立、河湖密布、绿树鲜花和、林立的高楼交相辉映，“绿”成为南宁城市最靓丽的“城市名片”。

② 多彩的壮都人文景观，为旅游发展增色添彩

拥有秀丽的南亚热带自然风光的南宁，其人文景观也异常丰富，其中包括1处国家级文物保护单位狮山贝丘遗址，16处自治区级文物保护单位。南宁人文景观的一大亮点是由“遗址文化、民俗文化、建筑文化”等方面构建而成的独特壮都文化，为城市旅游发展增色添彩。

“遗址文化”——新中国成立以来广西发现最大，保存良好，文化内涵丰富的古代遗址——狮山贝丘遗址，是一座国家级文物保护单位，可追溯到新石器时代，遗址功能分区明确，有居住区和墓葬区，其分布形态可以反映当时的社会分工和生活形态，这些对新石器时代社会结构研究具有重要价值，长方形干栏式成排、有规律的柱洞组成居住区，这些干栏柱洞建筑遗址的发掘对研究广西史前人类的居住形式具有重大的价值，同时对干栏建筑的起源及发展提供了有力的依据。昆仑关战役遗址位于南宁市兴宁区与宾阳县交界处的大明山余脉，海拔约300米，是中国军队为夺回昆仑关，解放南宁而进行的自卫反击战主战场。当今这里不仅是一个美丽的旅游风景区，同时还是一个理想的爱国主义教育基地。

“民俗文化”——作为壮族首府的南宁，拥有浓厚的乡土气息和民族风格，是世界上唯一以壮族为主体的多民族聚居大都市。每年三月三民歌节，是南宁最热闹的民族节日，每当这天，南宁被称为“穿彩裙的城市”，人们身着少数民族服饰，参与到最激动人心的活动抢花炮活动中。所谓“花炮”，就是一枚用红布缠绕的直径约5厘米的铁环，被装在一个向上发射的火药发射器上，随着火药的点燃被送上高空，然后由各村寨男丁组成的花炮队蜂拥而上，激烈拼抢，在队友的掩护下，将花炮投入花篮中，即为胜利。除此之外还有板鞋舞，赛龙舟，踩高跷等少数民族活动，这种以民族活动为媒促进政治、文化等领域的交流与合作的方式，吸引了很多来自国内外的游客，很好地促进了南宁旅游业的发展（图5-2）。

图5-2　广西民俗文化

“建筑文化”——南宁现存最早的私家园林明秀园，是清道光初年修建的一处私人果园，最初叫做“富春园”。民国8年（1919年），由两广巡阅使陆荣廷出资购买并修葺，改名为“明秀园”，现存的入园大门及荷风簃亭均为20世纪

二三十年代所建，是广西三大名园之一，目前已被列为南宁市级文物保护单位。保存完好的扬美古镇，至今延续明清时代的建筑风貌和街道格局，黄氏家族民居也是一处保存较完好的建筑群落；既有古建筑的历史遗存，又有现代建筑的时代风貌，现代建筑主要以构思巧妙、独具匠心的南宁国际会展中心，具有典型民族文化象征的广西人民会堂，坐落邕江之畔的邕江宾馆为代表。

③“中国——东盟博览会”落户南宁，利于旅游业做大做强

东盟是南宁最大也是最重要的国外旅游市场，由温家宝建议将南宁作为“中国—东盟博览会”的会址，从2004年起，中国—东盟博览会永久落户南宁，博览会的入驻给南宁旅游市场注射一剂强心剂。目前商务会展旅游成为城市旅游的重要组成部分，对城市经济和社会的发展具有举足轻重的作用。同时中国—东盟博览会落户南宁，给城市发展和城市形象提出了新的要求。南宁旅游具备更大的发展空间和发展潜力，东博会落户南宁，有利于南宁的旅游业真正做大做强。

5.1.3 南宁水城旅游主题定位

（1）主题定位的现实依据

近年来，南宁加大了对旅游业的宣传力度，“中国绿城”品牌的打造促进了南宁旅游业的迅猛发展，取得了十分显著的成效。1998年，南宁市被评为首批“中国优秀旅游城市”。2001年，南宁市又获得了首届“中国人居环境奖”。2007年，南宁获得了“联合国人居奖”。这些都表明，一个准确的品牌定位至关重要。如今，南宁水城建设因素的导入，城市形象有了新的变化，随着南宁商务、会展、购物为目的的客源市场不断扩大，使得南宁作为广西旅游及东南亚跨国旅游集散地的功能地位已逐步凸显。“中国绿城”的品牌已难以涵盖其旅游发展的新需求，南宁市正在努力打造的“壮族之乡、绿色之城、东盟会都”旅游品牌，为水城南宁旅游主题定位提供了现实依据。

（2）主题定位的市场依据

南宁地理位置优越，它依托大西南、面向东南亚、东邻粤港澳琼、西接印度半岛，具有得天独厚的区位优势和地缘优势，是西南腹地和华南沿海两大经济区的结合部以及东南亚经济圈的连接点，是正在崛起的大西南出海枢纽城市。现如今，中国—东盟自由贸易区的建成，中国东盟博览会会址永久落户南宁，为南宁城市旅游开发注入新的活力。南宁市城市总体规划（2008～2020）根据南宁市的区位、交通、旅游资源及近年来的商务客源构成等因素的综合分析，将南宁水城旅游的目标市场定位为：以广西区内及周边省区为核心目标市场、以东南亚各国为基本目标市场、以其他远距离海外市场为潜在机会市场[1]。这样的旅游市场定位，为南宁水城旅游主题定位提供了市场依据。

（3）南宁水城旅游主题构思

南宁市城市总体规划（2008～2020）对城市旅游定位是：把南宁建设成为亚热带自然风光和壮民族风情特色突出，中国绿城、壮乡歌海、会展之城等品牌形象鲜明，以休闲度假、商务会展、文化体验和旅游观光为主要功能的区域性国际旅游目的地和旅游集散中心[1]。

南宁水城建设对城市形象的定位是：通过对城市内河水系的综合治理，合理配置滨水公共服务设施，加大对滨水绿化景观建设的投资力度，力求实现经济、社会、环境协调的可持续发展，构建具有壮乡特色的山水城市景观和充满活力的城市滨水区域，展示地方文脉和社会进步的新型城市空间[3]。

分析城市总体规划（2008～2020）对南宁城市旅游定位，南宁水城建设对城市形象定位，同时结合南宁城市旅游发展现状以及旅游资源的分析评价，可将南宁水城旅游主题设计为：多民族文化主题旅游、亚热带风光主题旅游、东盟风情主题旅游。

5.2 南宁水城主题旅游产品策划

城市旅游开发策划能否成功，定位是关键，产品是核心。在对城市现状旅游资源充分认识和分析的基础上，依据前文对城市旅游的三大主题定位，策划该旅游主题下的主要特色旅游产品。

5.2.1 多民族文化主题旅游产品策划

南宁不仅拥有丰富的自然资源，还具有丰富的人文景观。壮族是世代居住在南宁的土著民族，汉族是秦汉以后陆续迁入，同时还聚居着侗、苗、瑶等39个民族，各族人民在这儿辛勤劳作，相处和睦，交流融洽，共同为南宁的建设贡献自己的力量。各民族文化缤纷灿烂，民俗活动，节日形式多姿多彩，广西各族人民一向有用歌舞来庆祝丰收或者重大节日的习俗，抒发对美好生活的向往和热爱。浓郁的少数民族风情让游客流连忘返，因此在南宁开发多民族文化主题旅游产品具有良好的资源优势和群众基础。

（1）民族文化主题公园

民族文化主题公园以民族文化为创意素材，综合多种表现手段，让旅游者达到求知、求新、求美、求异的多种感受，主要是通过一系列独具南宁地方特色的，集参与性、观赏性和娱乐性于一身的民俗节庆活动表演方式来营造。这种旅游产品开发模式的优点是容易渲染气氛，旅游主题明确，激发游客的参与兴趣和求知欲望，缺点则是受时间因素影响较大，在旅游项目不能与时俱进、推陈出新的情况下，难以保持长久的吸引力，这样就难以形成长期的旅游效益（图5-3）。

图5-3　民族主题公园意向图

要改变这种主题公园寿命周期短，投入成本高的缺点，笔者认为南宁民族文化主题公园要想保持长期稳定的客源，在旅游项目设置上就必须推陈出新、与时俱进。对民族主题公园进行功能分区，将南宁境内各少数民族分区，每个民族村落里建有民族传统的住宅建筑及附属建筑，如谷仓、厢房、厨房等。进到每个民族村都会有这个民族最隆重的一天的展示，就如汉民族最隆重的春节一样。在文化主题公园中心设有民族大舞台，少数民族大多能歌善舞，稳定的表演阵容和特色的表演节目是其成功的关键，每天定时的歌舞演出是一张名片也是一种很好的宣传。南宁民族文化主题公园可利用五象岭森林公园旧址，充分利用好公园现状基础服务设施和五象湖水体资源。将有相似或者相同民俗活动的民族放在一起，集中形成几大民族区，这样就可以避免雷同和重复建设。每个民族区均有各民族的历史渊源，发展历程和主要的文化习俗，这些可以通过文字或者图像的资料展现出来。云南民族村就缺少这方面的信息资料，仅放置一些民族符号和日常物品，一般的游客无法知道这些物品是什么作用，代表什么意义，只有在导游人员不多的话语讲解中，获知一二。同时旅游六要素的“吃”亦是重要组成部分，以民族文化主题公园的客源市场为依托，民族美食餐厅带来旅游收入和展示民族饮食文化的同时，还能创造就就业。游客尽情享受民族美食所带来的味觉体验。

（2）民俗文化村镇

民俗文化村镇旅游一般会选在原生民族村来开发旅游，不过这样的开发模式如果不能很好地处理当地居民与旅游开发公司之间的关系，则容易干扰村民们的生活，从而使村民产生抵触情绪，激发村民与游客，旅游开发公司和村民之间的矛盾。在南宁水城建设大背景下，笔者建议可以利用南宁市东北郊区的三岸湖湖畔的闲置用地及上游的山谷缓坡用地来建设民俗文化村，即按一定的比例，移植南宁主要的少数民族建筑形式和民族传统农耕模式，并以此为背景建成民俗文化村，让游客们达到参观和体验的双重享受。

笔者认为，这样建立起来的民俗文化村镇，虽不如民族村落原址开发那样原生态，却拥有城市交通之便，设施齐全，产品集中等特点。从业人员可专门聘请当地留守农民，对他们进行较系统的培训，通过旅游开发公司给他们支付工资的形式使其能够在此居住和生活，给他们一定的耕地用来耕种，劳动收获所得归他们自己所有。游客来到这里可以和他们一起到地里耕种，体验农业生产和农村生活，如果游客需要还可以和村民共同进餐，品尝自己亲手种植和采摘的果蔬，住在民俗文化村的客房中，让游客真正体会到少数民族的日常生活。通过在一起耕作和生活，民俗村的村民还可以借此来了解外面世界的生活，拓展他们的眼界和知识领域。这种开发模式的优点是投资少，让游客能与当地居民近距离接触交流，有很大的活动自由度。

（3）大地飞歌和水上歌圩

桂林利用真山真水为幕墙的大型歌舞表演项目——《印象·刘三姐》收到很好的旅游效益，这是一种创新民族文化旅游资源开发的典范。借鉴这样成功的民族文化旅游资源的开发模式，整合南宁民族文化旅游资源，挖掘深层次的民族文化内涵，开发适应当今时代旅游发展需求的新产品。但是南宁与桂林在城市环境和地方民族特色方面不尽相同，这就意味着不能照搬《印象·刘三姐》的形式，否则这样的旅游产品将失去自己的特色而毫无竞争力可言。所以应该在深刻理解南宁当地民族文化内涵的基础上，结合实际情况，利用“三月三”民歌艺术节的举办，依托“大地飞歌”的品牌（图5-4），首先吸引广西区内各族人民来参与这样的歌舞盛会，随着影响力越来越大，并借助东盟博览会的影响吸引来自全国各地甚至东盟各国的商务人士来南宁进行民族文化体验旅游活动。“以歌兴节，以节兴市”，一方面相关的国内外生产厂家、贸易商家和旅游公司通过南宁国际民歌艺术节的影响力创造发展的契机，这种“旅游搭台，经济唱戏”的旅游开发模式，将有助于南宁经济社会的全面发展；另一方面，通过南宁国际民歌艺术节的举办，可以使“山歌”，广西这一独特的非物质文化遗产更好地传承下去。人们在民歌节上尽情展示自己民族的特色，曲艺风格，向世界展示着南宁不同民族的文化内涵和民俗风采。这里主要策划两种形式的民族歌舞演出，大地飞歌和水上歌圩。

图5-4　大地飞歌意向图

大地飞歌也分两种形式，即民间自发组织形式和官方承办形式。民间自发形式可以很随意，任何民族和社会团体需要以这样的歌舞来宣传和展示都可以来到这样的一个舞台，也可作为现代青年男女歌舞传情，以歌为媒的交友平台。官方承办表演形式，演出时间相对固定，主题比较鲜明，由壮乡“三月三”歌圩发展而来的南宁国际民歌艺术节，每年11月由南宁市人民政府邀请国家文化部文化图书馆司和文化宣传司联合举办。水上歌圩则充分利用南宁水城建设成就，以水清岸绿的城市水上环境为舞台背景，以游船为舞台，民歌手在船头和船中游客进行民歌互动，也可以船为单位和其他的游船进行拉歌比赛。

5.2.2　亚热带风光主题旅游产品策划

南宁地处南亚热带，位于广西南部偏西，四面丘陵，是桂南一块翡翠般的盆地。植物种类繁多，森林植物有180科600多属3000多种。很早以前，南宁有“半城绿树半城楼”的美誉，为了实现建设“中国绿城”的目标，道路、广场、公园、河滨遍植绿树，形成南宁城市的“绿色飘带”。至2010年年底，南宁城市建成区绿化率达34.5%，绿化覆盖率达40%，人均公园绿地面积达13平方米。因此，在中国西南地区面向东南亚的通道上，开发水城亚热带风光主题的旅游产品具有很好的资源禀赋和区位优势。

（1）亚热带药林养生馆

随着社会经济的发展，人们的生活节奏越来越快，在规模经济理论的影响下，产业极度积聚，人们像潮水一般涌入城市，在为城市带来经济增长的同时，也破坏了城市的自然生态环境。生活在城市中的人们每天不仅要承受巨大的工作压力和生活负担，还得忍受因城市工业发展而形成的噪声、废气等有害身体健康的城市环境。在这样的环境下，健康就难以保障。因我国经济持续稳定增长，城市居民收入水平的提高和闲暇时间的增加，养生自然成为人们关注的焦点。目前城市中各类养生场所如雨后春笋般涌现出来，因缺乏这方面的政策管理，这些养生场所难免良莠不齐。

广西药用植物园位于南宁市东郊，是我国最大的药用植物园之一。这是一座集植物生产和游览科研教学于一体的综合性园地，占地200多万平方米，其植物品种繁多，是李时珍《本草纲目》所载的两倍。园内林木苍翠，藤蔓纵横，假山棚架点缀其间增添了无尽的雅趣。目前已建成广西特产药物区、荫生药物区、药物疗效分类区、木本药物区、藤本药物区、草本药物区、姜科药物区、珍惜濒危药物区、民族药物区和药用动物区。是一个集科研、教学、旅游、休闲、养生保健于一体的旅游观光胜地。

笔者认为要在南宁开发亚热带药林养生场所，广西药用植物园是首选，拥有植物王国美称的药用植物园，植物繁茂，药用植物品种繁多。这样可根据各药用植物的医药价值，开发各类药用浴场。笔者认为广西药用植物园除了可开发观光产品之外，还可还需增设一些供游客参与，体验类的旅游产品如生态健身场所、药物美食餐厅等（图5-5）。

图5-5 亚热带药林意向图

（2）邕城水上观光

有着秀丽的亚热带自然风光，亚热带植物种类繁多的南宁，相较其他水城，最突出的一个品牌就是“中国绿城”。因此需要在南宁绿城建设的基础上，充分利用丰富的水资源，构建“青山环抱，邕江穿绕，河网密布”的南宁“水城”旅游形象。随着南宁水城建设步伐的跟进，治理河道环境，疏通城市内河水网，丰富滨河景观。目前已有邕江水上泛舟游，舟中静听壮乡歌的旅游项目，以及南湖水上游等水上观光旅游项目。

开发邕城水上观光旅游项目，一是泛舟江上，便可一览亚热带自然风光；二是可以领略南宁城市建设的速度，感叹城市发展的日新月异。南宁水城因城市水位高差较大，所以它不能够像苏州那样开发环城水上旅游观光项目，还需分段开发。这里就以南湖水上观光游和邕江水上泛舟游为例，介绍一下这类旅游产品的特色。

南湖水上观光游，南湖除了自身岸青水绿之外，泛舟南湖，周围的金花茶公园，南湖名树博览园、五象广场等城市景观美不胜收。尤其值得一提的素有“绿城明珠”之称的南宁国际大酒店，其毗连风姿卓越的南湖，整体建筑尽显民族风格与现代艺术装潢的精美，配上青秀山秀美的山姿做背景，宛如一幅美丽的城市画卷，酒店上的日月旋宫就如南湖湖畔的一颗翡翠明珠。

邕江水上泛舟游，蜿蜒壮丽的邕江，犹如一条玉带横贯邕城东西。泛舟邕江，两岸绿树繁花，与水中倒影相映成趣。因季节的变迁，花开花落，夹岸的花木呈现出来的风光迥异。便是一天之内不同时段泛舟邕江风光也不一样。典雅华丽的邕江宾馆，柔美恬静，如出水芙蓉般伫立在邕江之畔，日落时分，江面波光粼粼，婉转流长，夕阳泛江，霞光满天，美不胜收，夜幕降临，邕江宾馆，邕江大桥，江南休闲公园等，处处流光溢彩，构筑成一幅绚丽多彩的城市画卷。

（3）亚热带雨林猎奇

南宁市为低山丘陵环绕的椭圆形盆地，盆地向东开口，南、北、西三面均为山地丘陵环绕，北为高峰岭低山，南有七坡高丘陵，西有凤凰山（西大明山东部山地），形成西起凤凰山，东至青秀山的长形河谷盆地地貌。

南宁市近郊旅游圈，以周围的山体湖泊旅游资源为依托，重点开发现代运动休闲旅游产品，如登山、深涧漂流、山路跑马、徒步行走、深潭垂钓、定向越野、汽车场地越野、露营探险、猎奇考察等旅游项目。还可以利用城市近郊的湖泊水库如天雹水库、龙门水库、老虎岭水库、东山水库、龙潭水库、罗村水库等开发南宁国际龙舟邀请赛、水上自行车赛、独木舟竞渡等系列水上竞赛活动，平缓地段则开展划木筏、品茗垂钓等亲水活动。另外，森林是最优越的天然氧吧，还可以在比较平坦的缓坡地带建设练功广场，可以作为老年人修养健体的好去处。

5.2.3 东盟风情主题旅游产品策划

东盟是中国重要的贸易伙伴。随着中国-东盟自由贸易区的创建和“南博会”的常年举办，东盟各国与中国之间的民间往来也随之增多。从企业合作到商品贸易，从文化交流到出境旅游。南宁作为连接中国—东盟的桥头堡，是东盟各国经济文化，社会民生的展示窗口，所以在南宁开发东盟风情类的旅游产品是南宁城市旅游发展战略的需要。

（1）东南亚文化艺术节

南宁处于中国西南通往东南亚各国的大通道中心，随着中国-东盟自由贸易区的建立，南宁与东南亚各国的经贸和政治往来日渐频繁，如中国-东盟博览会、东南亚农业博览会、南宁国际学生用品交易会、中国东盟畜牧交易博览会等。

在这一系列的国际商贸会展中，缺乏那种点对点的对话和交流平台，东南亚文化艺术节正好弥补了这个缺陷。每届博览会的举办，吸引了大批来自国内和东南亚各国的商务游客，为南宁经济的发展注入了新的活力，同时也让许多东南亚的人们认识和了解中国，而中国却只能在十分有限的展区和商品展销会上，来理解和体验东南亚各国的文化、经济。因此，东南亚文化艺术节是国与国之间开展的交流平台，如中越文化艺术节，中泰文化艺术节。在文化节上不仅开展商务合作，国家艺术文化表演，国家特色商品展示和展销，和可以开展民间的文化交流。这样的文化展示形式相较中国-东盟博览会具有更加鲜明的主题性和针对性，这是一种文化搭台，经济唱戏，才艺竞技，展览展销的国家文化和形象输出形式。这样的文化艺术节可以充分利用每届中国-东盟博览会所带来的大批国内和东南亚各国的游客，让他们驻足南宁，也为南宁其他的旅游项目带来客源市场，促进南宁水城旅游的繁荣发展。

（2）东南亚风情商业街

南宁作为东盟博览会的永久举办地，除了每年的会议期间，展前和展后会吸引大批来自国内和东南亚的商务游客之外，平时难以有较稳定的商务游客，原因是没有长效的旅游吸引物，因此在南宁市规划建设一条东盟风情的商业街十分必要，笔者认为将民族大道的南湖至新民路路段建设成为东盟风情商业街是可行的。

东盟风情商业街利用原有的道路沿街店铺，对沿街建筑进行立面改造，在建筑符号和建筑色彩以及装饰风格上，采用东南亚各国的建筑风格，甚至可以根据地层店铺的货物具体到各国家的传统建筑风格。店铺的室内装修也需根据商品的品类进行精心设计，如果可以的话，还可以通过招商引资的方式，来吸引东盟各国的小商品生意人入驻。这样国人就可以不用出国门就可以淘到称心如意、原汁原味的东盟各国商品了。与国内大多数步行商业街不一样的是，东盟风情商业街的商品和服务是最具东南亚特色的，以经营民间手工艺商品为主的特色商业街。

（3）东南亚传统农耕园

东南亚因地处赤道附近，整体上以湿热气候为特征，覆盖着繁茂的热带森林。因其独特的地理环境和气候条件，该地区的瓜果蔬菜品类丰富，生产周期短，单位种植面积产量高。南宁地处相近的海拔和纬度，因此也具备生产亚热带瓜果蔬菜的优良条件，在南宁规划建设东南亚传统农耕园将有很好的物质基础，同时在南宁水城旅游建设大背景下，东南亚传统农耕园的建设也将为南宁旅游带来很好的宣传效果。

东南亚的一些岛屿地区也有着山地气候，而一些内陆地区还存在明显的干湿季节，根据自然地理环境的不同人们一般将此分为大陆和岛屿两部分热带区，因气候环境湿润，因而也有着丰富的野生动植物资源。这种优越的自然条件对生产力还比较低下的史前人类来说自然有着巨大的吸引力。早期研究者在研究东南亚农业起源时认为公元前7000年大陆东南亚已经出现植物驯化。东南亚有着历史悠久的农耕文明，笔者建议东南亚传统农耕园除了开辟果园种植东南亚瓜果之外，还可以还原远古农耕场景，展示在这片土地上曾经出现过的劳动工具和生活方式，让游客在自己体验农耕带来的乐趣之外，还能了解远古人是怎么在这片大地上生活的。

5.3　南宁水城旅游空间布局规划

旅游空间布局的目标是提高南宁水城旅游产品的市场竞争力，实施旅游精品工程，促进旅游产品的结构转型与升级，构成独具南宁水城特色的复合型旅游产品空间体系。构建南宁水城旅游空间体系首先从影响空间布局的因素出发。本书主要从城市空间结构、城市绿地景观结构以及城市水网空间结构来分析南宁水城旅游空间形态特征。

5.3.1　影响南宁旅游空间布局的因素

一般来说，影响城市旅游空间布局的因素主要有城市旅游资源分布，城市交通条件，旅游线路设计，城市旅游长远发展战略以及旅游配套设施建设等。这里从城市空间结构形态特征入手，包括城市用地空间形态，城市绿地景观结构形态和城市水网空间结构，在这些结构形态的作用下，构建具有南宁水城特色的旅游空间布局形态。

（1）城市空间结构

南宁中心城的空间结构特征是典型的单中心结构基础上逐步外扩的“摊大饼”型空间生长模式。从新中国成立初期到现在，城区已从4.5平方公里左右的自由放射结构扩展到直径24公里左右，面积为406平方公里左右的环形放射形态，尽管中心城东西南北方向出现了沿干线道路轴向拓展的趋势，但总体上仍表现出典型的“摊大饼”模式。南宁正沿着发展轴线，呈组团式向外延伸，这种空间发展模式可以有效地打破单中心圈层拓展结构模式，城市总体规划对城市空间结构做出合理调整。结合南宁城市空间拓展趋势和区域产业与城镇体系分布格局，未来南宁中心城将呈现“一轴两带多中心”的空间发展模式，城市主要功能布局逐步沿邕江两岸展开、其他功能组团沿邕江支流呈树枝状纵深发展的城市空间布局形态（图5-6）。

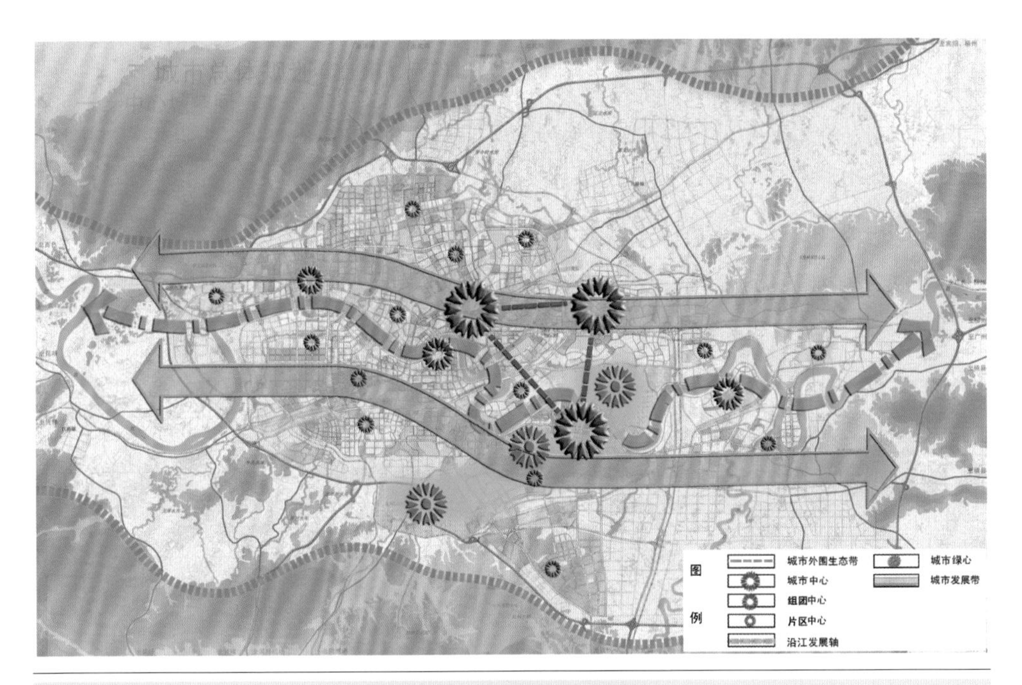

图5-6 南宁城市空间结构规划

［资料来源：参考南宁市总体规划（2008）改绘］

“一轴”：以邕江为城市发展主轴。南宁城市主体功能布局沿邕江两岸展开，使得邕江成为城市最主要的一条东西向的发展轴线，带动城市经济社会全面发展。

“两带”：以邕江为城市发展主轴，沿邕江两侧形成南北城市发展带；北部发展带以综合服务、教育研发、高新技术产业、旅游休闲等城市功能为主；南部发展带以产业服务、工业及物流等产业功能为主。

“多中心”：构建以城市水系为发展轴，功能组团沿发展轴纵深发展的空间结构，形成各级城市中心为主、组团中心为辅的层次分明、组织合理的城市公共中心空间体系。

（2）绿地景观结构

充分利用南宁中心城“青山环抱，邕江穿绕”的自然地貌特征及“半城绿树半城楼”的亚热带生物资源优势，构建以周边“山、水、林、田”为基础的生态支撑体系。以邕江绿地为主脉、由城市内河串联起来的公园绿地形成“羽状”，绿地网络相互融汇形成“绿羽蓝脉”。总结南宁城市绿地景观空间结构可以归纳为“青山为屏、邕江为带、山水相衔、绿羽成脉”（图5-7）。

“青山为屏”：指以南宁南、北、西三面的山地丘陵为屏障，北为高峰低岭山，南有七坡高丘陵，西有凤凰山（大明山东部余脉）。

“邕江为带”：是指以横贯邕城东西的邕江作为自然风光带，将外部的山水自然景观通过邕江渗透到南宁城市中来。

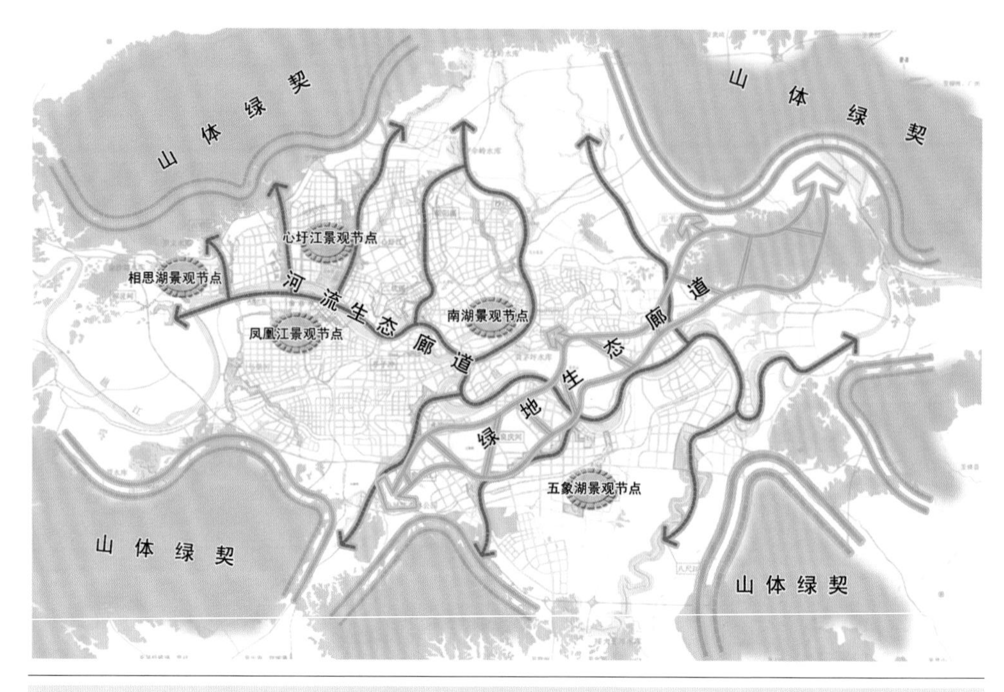

图5-7 南宁绿地景观结构规划

［资料来源：参考南宁市总体规划（2008）改绘］

“山水相衔”：南宁四周的山体自然景观通过城市内河水系衔接起来，形成一条条渗透到城市中的生态廊道。

“绿羽成脉”：南宁通过水城建设，疏通、整治城市内河河道。由邕江作为主脉，城市内河作为余脉的“羽脉状”生态景观肌理。

（3）水网空间结构

南宁水城建设针对整个城市水网体系而进行的城市内河水系及沿线的综合整治，以生态治河的理念对水环境综合整治，建设优美舒适的人居环境，提升了城市整体形象。将城市内河水系及沿线区域建设成为畅通的行洪道，风景秀丽的生态景观带，经济繁荣的产业带，内涵丰富的文化带，人水和谐的休憩园，同时也为南宁水城旅游开发提供了绝好的景观廊道和水环境。水城建设以后城市形成了“一江、两库、两渠、六环、十八河八十湖”的城市水网空间结构，以邕江水系为主轴和核心，建设老口梯级水库和邕宁梯级水库，构建城市中心城区内的环城水系——石灵湖环、大相思湖环（可利江—心圩江—二坑溪—朝阳溪环）、南湖环、凤凰湖环、亭子冲环以及五象湖六个水系环，河流结构为大岸冲、马巢河、凤凰江、亭子冲、良凤江、良庆河、楞塘冲和八尺江、石灵河、石埠河、西明江、可利江、心圩江、二坑溪、朝阳溪、竹排冲、那平江、四塘江等十八条内河（图5-8）。

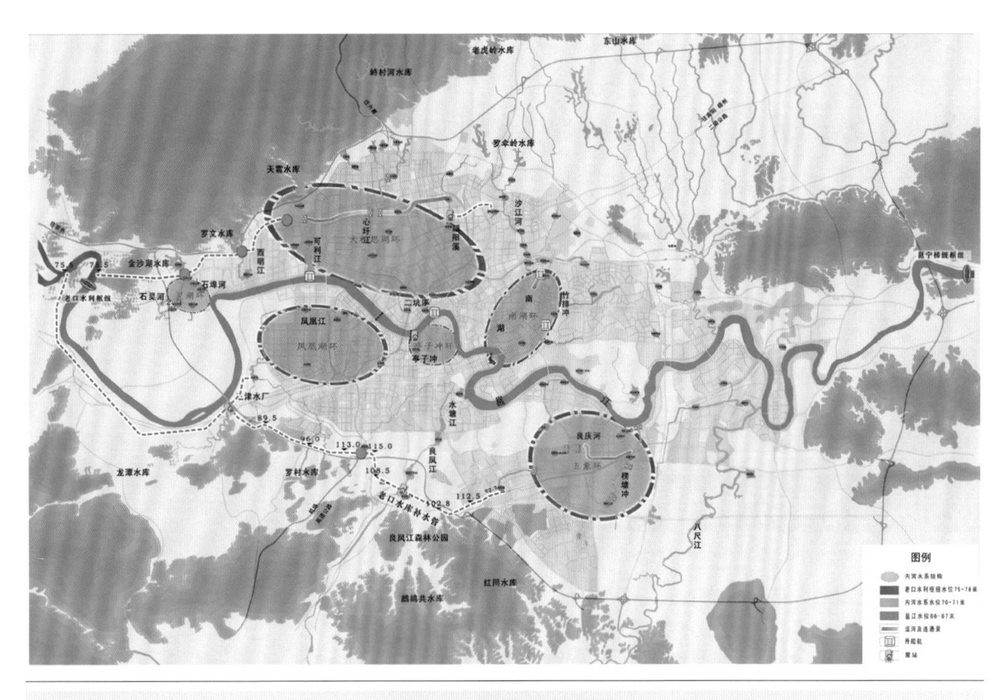

图5-8 南宁水网结构规划

（资料来源：参考南宁水城建设改绘）

5.3.2 南宁水城旅游空间布局的原则

目前，城市旅游空间布局还没有统一布局原则，笔者通过对南宁水城旅游空间布局的影响因素分析出发，得知城市旅游功能区的分布和规模是由城市用地空间结构决定，水城旅游的景观特色和景观廊道则是受绿地景观空间结构影响，城市水网规划结构作为城市旅游功能区的“连接轴”，对城市旅游空间布局也影响甚重。因此，南宁水城旅游空间布局必须协调好与城市用地空间结构、城市绿地景观空间结构、城市水网规划结构的关系。

（1）与城市用地空间结构相协调

城市经济社会活动在城市空间的投影——城市用地布局，南宁水城旅游需紧密结合城市用地功能及城市空间结构，与城市功能结构和空间序列相吻合，形成以水为轴，沿水拓展的城市旅游体系的空间层次及序列。以城市用地布局引导城市旅游空间发展，明确城市旅游“点—轴”空间体系中“点”和“轴”的空间布局特征。

（2）与城市绿地景观空间结构相协调原则

南宁绿地景观是一种独特的“羽状”结构，它以城市邕江沿岸为主脉，河湖、道路和公园绿地为“羽脉”而向整个城市空间拓展。城市旅游需紧密结合城市绿地景观结构，与城市景观特色相协调，形成城市旅游体系的水城特色景观空间序列。旅游景区的建设要暗合水城“水绿交融”城市景观要求。

（3）与城市水网规划结构相协调原则

南宁通过水城建设形成的“一江、两库、两渠、六环、十八河八十湖”的城市水网空间结构，联通的城市水网覆盖了整个城市空间。水城城市旅游空间布局要与城市水网规划结构相协调，以城市水网连接各旅游功能区，将城市水系作为城市旅游“点—轴”空间体系中的“轴”的空间特征，融入到城市“景绿相依，水脉相连”的旅游空间结构中去。

5.3.3 水城旅游空间布局模式的选择

（1）旅游空间布局的一般模式

结合国内外的一些关于旅游空间布局的研究成果，这里分析了三种可供南宁水城借鉴的旅游空间布局的模式，它们分别是单节点、多节点及链状节点布局模式，点—轴空间布局模式和环城游憩带布局模式。

① 单节点、多节点及链状节点布局模式（图5-9）

单节点城市旅游区域中的单一节点包含一个中心旅游吸引物或由一群吸引物组合的聚集体，这时的城市旅游空间范围相对狭小，旅游服务设施还不够完善。这种单节点的城市旅游空间规划布局模式是城市旅游空间发展的第一阶段[4]。

随着城市社会经济的发展，城市功能结构和城市旅游基础设施的进一步完善，一些极具旅游吸引力的旅游资源被开发或者深层次的城市历史文脉和民族文化资源被发掘，城市旅游获得新的深层次发展动力，随之多节点并存的城市旅游地开始出现，这种多节点的空间布局是城市旅游空间发展的第二阶段。

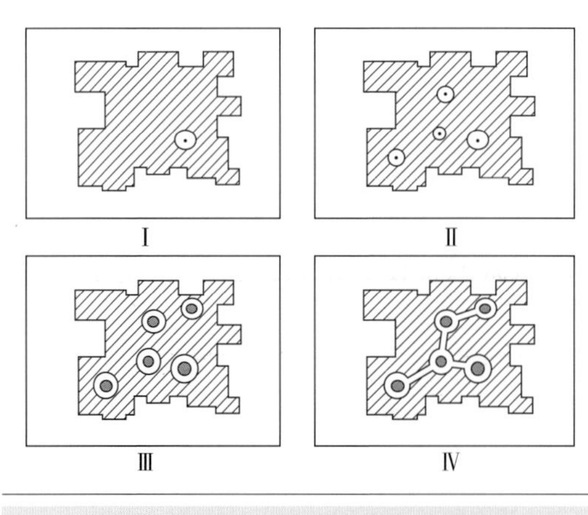

图5-9 单节点、多节点及链状节点结构模式
（资料来源：笔者自绘）

随着城市产业结构升级，城市旅游产业获得更好的发展空间，城市旅游空间不断得到拓展，越来越多城市旅游景点被开发出来，城市旅游日益呈现出综合的多功能空间增长格局。旅游者的出行目的越来越多样，选择城市作为度假休憩目

的地的原因也越来越多样，单纯的旅游观光已经很难满足现在游客的要求了，综合的旅游体验才是当今旅游发展的趋势。城市旅游社区开始出现，旅游社区是一种以旅游景点为内核，其对景点（区）周边一定的辐射范围内而形成的社区。这种旅游社区拥有完善的旅游配套服务设施，社区的居民基本是随着服务于旅游发展的城市旅游空间布局成长。第三阶段是由有这些旅游社区组成，通过旅游通廊将他们连接起来而形成链状节点布局模式。这时，城市旅游空间发展趋于成熟和稳定，旅游社区之间的空间竞争和合作关系也进一步加强，城市旅游服务质量和管理水平日益提高。

② 点—轴空间布局模式

"点—轴"结构理论中的"点"是指各级中心地，它们以其高效的聚合力对各级区域发展具有带动作用；"轴"是在一定方向上连接若干不同级别的中心地而形成的人口相对密集的经济发展轴和产业带。由于轴线及其附近地区拥有交通之便和区位优势，已经具有较强的经济实力且有较大发展潜力，因此又被称为"发展轴线"。将这种"点—轴"结构理论运用到城市旅游空间布局中来[5]。

城市旅游"点—轴"结构中的"点"是指的城市中的具有吸引力的旅游景点（区），"轴"是指连接城市中各旅游景点（区）的旅游通廊，一般是城市道路交通廊道。利用"点—轴"结构理论，可以指导旅游开发规划过程中的城市旅游空间结构构建，特别是旅游资源和旅游线路比较明显呈带状分布的城市（图5-10）。"点—轴"结构模型的形成，离不开"点"的扩散辐射作用和"轴"的联动作用[6]。

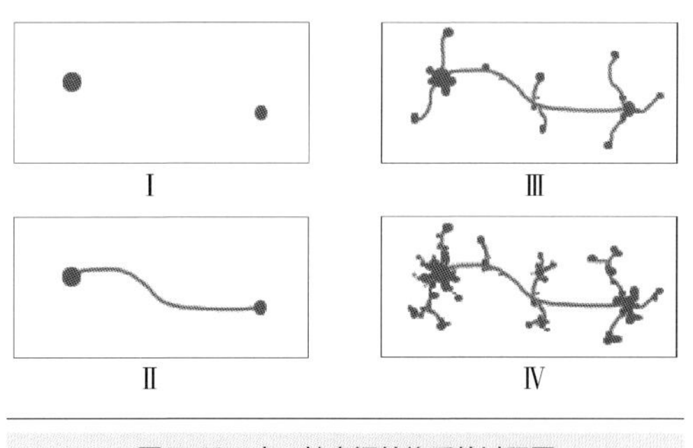

图5-10　点—轴空间结构系统过程图

③ 环城游憩带布局模式

环城游憩带是指主要为城市居民或者城市郊区的旅游者光顾的位于城市及周边地带的游憩设施、场所和公共空间，在城市及郊区范围内形成的环大都市游憩活动频发地带，称为"环城游憩带"。环城游憩带在城市旅游空间布局规划中具有重要参考价值，吴必虎通过对城市旅游的空间结构模拟分析，城市显然处于该结构的核心地位（图5-11）。因为在很多情况下城市不仅是旅游的主要客源地，同时城市具有丰富的旅游资源，本身就是重要的旅游吸引物，而成为重要的旅游目的地[4]。近年来，随着城市化进程的加快，城市旅游的重要性越来越受到相关部门的重视，近年来出现的"旅游城市化"现象，更加体现了城市在区域旅游空间结构的核心地位。

图5-11　环城游憩带空间模型

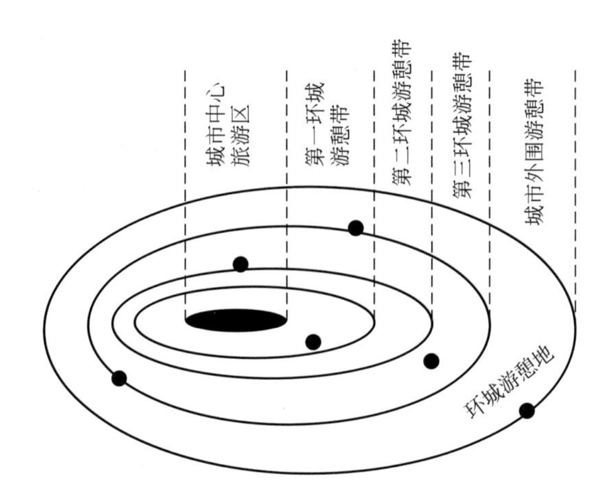

随着城市用地不断向外蔓延，城市旅游空间呈圈层式向郊区拓展，城市形成一层层的环城游憩带。环城游憩带不断由中心城市均匀地向郊区圈层式拓展，以中心城市为内核，其外部按第一环城游憩带、第二环城游憩带、第三环城游憩带向外扩散，总体上呈近似同心圆形式拓展。

（2）南宁水城旅游资源空间分布特征

对南宁水城旅游项目进行策划时，充分利用南宁水城建设成就，景点分布或位于湖畔，或位于河边（图5-12）。这里的主题旅游产品空间选址主要是从“资源需求”、“功能需求”和“市场需求”三方面考虑。

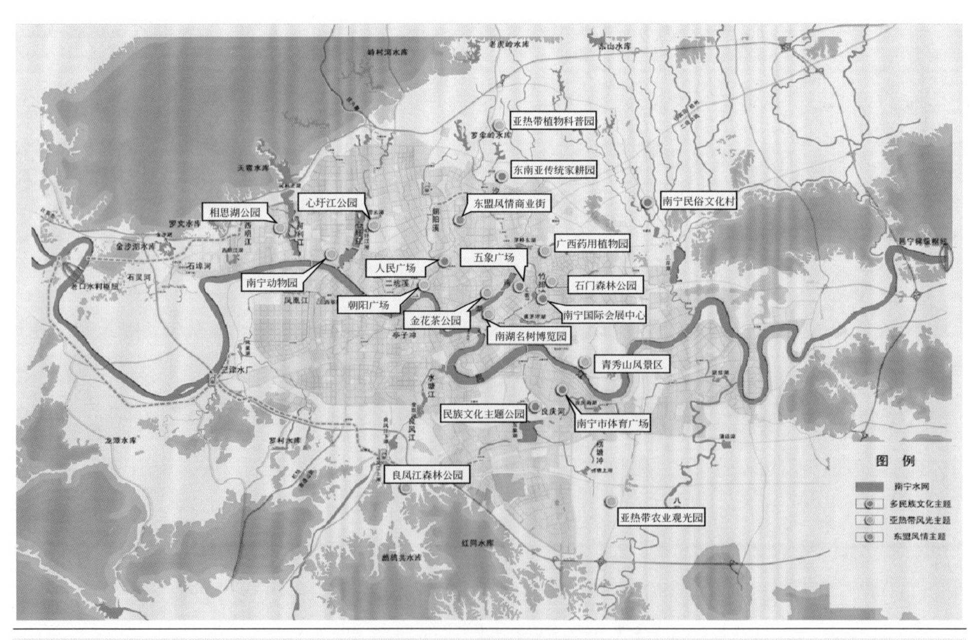

图5-12　南宁主要旅游景点空间分布图
（资料来源：参考南宁水城建设改绘）

“资源需求”：如亚热带药林浴场则充分利用广西药用植物园的药用植物资源，亚热带药林浴汤中的药物成分可以直接提取园中的药用植物。水上歌圩则选在南湖，利用南湖平静的湖面和湖畔苍翠的亚热带自然景观。

“功能需求”：如东南亚传统农耕园选址在城市北环高速与罗伞岭水库之间的河涧滩地上，一方面是考虑其用地规模较大，不宜选在离市中心较近的地方；一方面考虑农耕园灌溉用水的需要，宜选在湖滨或者河旁。

“市场需求”：如东盟风情商业街位于民族大道的南湖至新民路路段，利用传统商业街旺盛的人气和市场潜力。

其他的旅游景点则主要依水而设，如邕江之畔的邕江宾馆、青秀山风景区和横跨邕江的邕江大桥；环可利江和心圩江的相思湖公园、心圩江公园和南宁动物园；环南湖、竹排冲的金花茶公园，南湖名树博览园，五象广场，石门森林公园以及南宁国际会展中心；环良庆河、良凤江及五象湖的良凤江森林公园，民族文化广场。这些景点或者城市旅游资源无一不是伴水而兴。

（3）南宁水城旅游空间布局模式的选择

根据对旅游空间布局的单节点、多节点及链状节点模式、点—轴模式和环城游憩带模式的综合分析研究，结合南宁水城旅游资源空间分布特征，选择以“点—轴”模式作为南宁水城旅游空间布局的基本模式（图5-13），以旅游组团方式构建旅游地系统。其中，这里的“点”是指以某一旅游点（区）作为首要节点，经过一定程度的旅游开发形成的，它的资源特色和旅游吸引力决定了该旅游节点的吸引范围，在这个吸引范围逐渐完善成一个旅游社区。吸引力不仅是指旅游景点本身优胜力，旅游基础服务设施也至关重要。这里的旅游基础服务设施主要包括除交通设施以外的基础设施、旅游接待设施、康体健身娱乐设施和购物休闲设施以及服务人员的服务质量和业务水平，旅游社区提供设施和服务的优劣程度决定了旅游服务的质量。这里的“轴”是指连接各旅游社区的城市河道或者城市道路，又被称为旅游通廊。这种旅游空间模式强调了以景区景点为依托，各旅游要素自身发展形成服务社区，再通过旅游廊道将各旅游社区连接而成的和谐模式。

南宁水城的旅游开发将以邕江为主轴线，河网水系、城市主要道路为副轴；以各旅游组团为节点，实行轴线发展化战略。轴向带动，重要旅游节点突破，形成“鱼骨状”旅游空间结构，依托邕江主水系、城市内河支流、道路交通线，呈纵深推进，以轴带动旅游片区发展，构建南宁水城旅游产业带[4]。

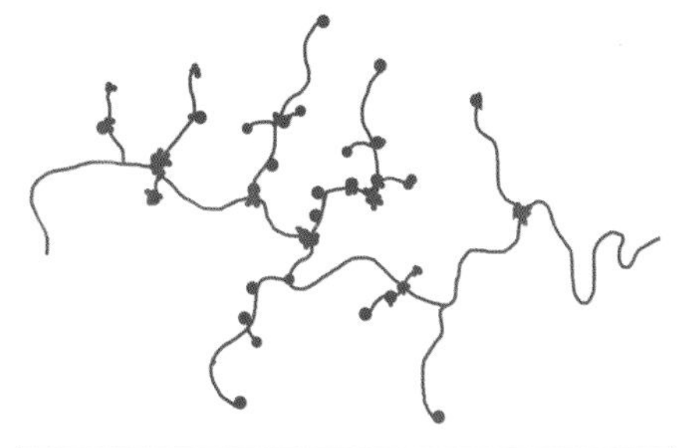

图5-13　南宁水城“点—轴”空间布局示意图

（资料来源：作者自绘）

（4）构建南宁水城“点—轴—网络”旅游空间格局

结合“点—轴”系统理论和增长极理论中某些有益思想，形成“点—轴—网络”城市空间结构，这种空间结构中的“点”和“轴”与“点—轴”结构理论中的“点”和“轴”的概念基本一致。不过随着空间中的点与点之间的联系越来越紧密，突破了简单的两点一线的单向链接模式，而是形成点轴互动，轴与轴经纬交织的网络状空间结构模式—“网络”。

南宁水城旅游空间发展也是如此，随着旅游服务设施的逐步完善。城市中更多的景点（区）得到开发和完善，通过城市水系（各级旅游轴线）将这些旅游景点（区）串联起来，旅游组团范围逐渐延伸，各旅游景点（区）之间的联系也越来越紧密。通过南宁水城建设形成的水系网络空间，将各级旅游景点（区）连接起来，作为南宁水城“点—轴—网络”空间布局机构中的“点”；城市中的河流水系和城市道路便成了“点—轴—网络”中的“轴”。这些轴经纬交织，形成以旅游景点（区）为节点的网络结构。

南宁城市通过连通的城市河湖水道及道路通廊，将城市中的各旅游景点（区）连接成一个总的网络，这个网络中的主要廊道有“邕江生态廊道”、“良凤江生态廊道”、“竹排冲—南湖生态廊道”、“朝阳溪生态廊道”和“可利江—心圩江廊道”。通过邕江生态廊道将南宁动物园，朝阳广场，青秀山风景区连接成邕江旅游带；由良凤江生态廊道将民族文化主题公园，良凤江森林公园，亚热

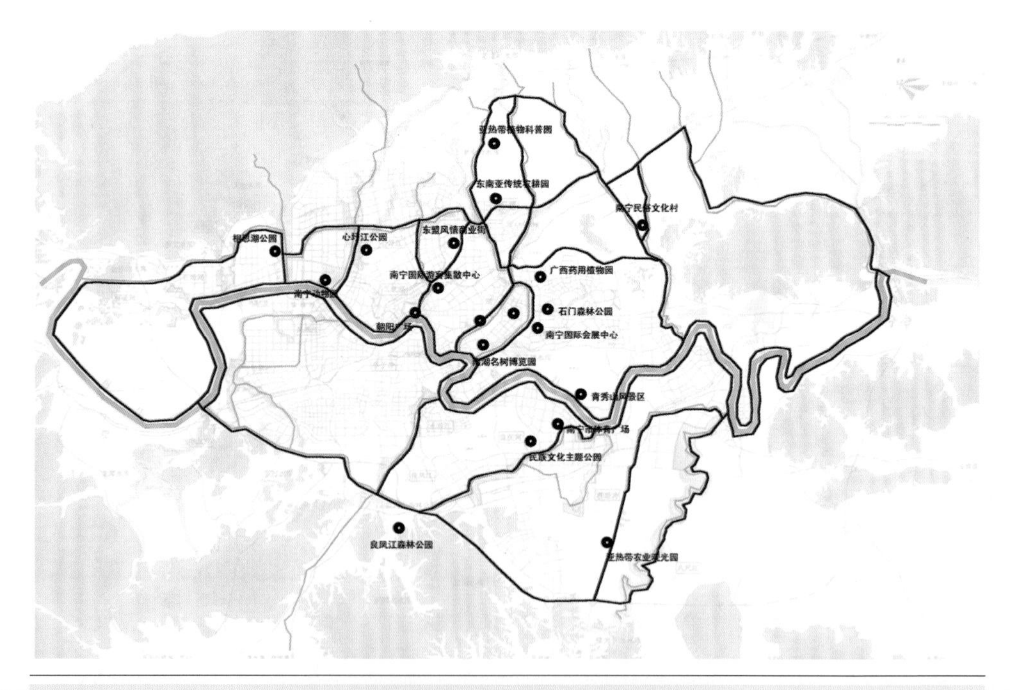

图5-14　南宁水城“点—轴—网络”旅游空间布局图

带农业观光园，五象湖公园及南宁市体育广场串联而成的环五象湖旅游网络；由竹排冲—南湖生态廊道将南湖名树博览园，金花茶公园，广西药用植物园，亚热带药林浴场，石门森林公园及南宁国际会展中心连接成环南湖旅游圈；由朝阳溪生态廊道将朝阳广场，南宁国际旅游集散中心，东盟风情商业街，东南亚传统农耕园及亚热带植物科普园串联而成的朝阳溪旅游发展轴；由可利江—心圩江生态廊道将相思湖公园，心圩江公园及南宁动物园连接而成的环相思湖旅游圈。由这些旅游圈、旅游发展轴及旅游带共同构建南宁“点—轴—网络”的旅游空间结构（图5-14）。

5.3.4 水城旅游线路策划

（1）旅游线路策划的要求

城市旅游线路设计适应旅游客源市场的需求是关键，激发旅游者的旅游兴趣及最大限度地满足旅游者的需要，路线设计需满足旅游者效益最大、旅游线路特色鲜明、旅游景点强弱搭配的要求[7]。

① 效益最大

旅游者选择旅游路线时基本出发点是以最小的旅游费用和旅游时间成本获取最大的旅游期望值。每个旅游者在选择旅游线路时都会一定的期望值，也就是说，当旅游成本一定时，整个行程带给旅游者的旅游体验水准等于或大于期望值时，旅游者才会实施出游决策。所以，一条旅游路线的设计，关键在观赏时间长短、游览项目多少与在途时间、花费比值的大小这几个方面来策划，这些方面直接影响游客对旅游路线的选择，同时旅游者的需要也是旅游路线设计必须考虑的重要因素。

② 特色鲜明

在进行旅游路线设计时一定要突出自己特色，形成有别于其他路线的鲜明主题，只有这样才能具有较旺盛的生命力和较长久的旅游吸引力。旅游者由于其旅游动机、各地旅游资源的属性特征以及旅游活动的内容形式各不相同，因此在旅游线路设计中突出旅游路线的特色，要尽可能串联更多的有内在联系的旅游景点（区）和丰富的旅游活动内容，在功能上形成互补，内容上有多种变化，主题上比较鲜明，这样的一些旅游景点（区）可形成群体规模。在旅游线路设计时，吃、住、行、游、购、娱这六项旅游要素选择与旅游主题相适应的方式，达到展示其整体特色效果，使旅游线路做到有张有弛、富于节奏、高潮迭起，使旅游者乘兴而去，满意而归。

③ 强弱搭配

旅游线路设计需从整体效益出发，一方面仔细分析各旅游点、旅游地的旅游特色，提升目前各旅游温点、冷点的文化品位和有效卖点，将冷点和温点进行科学合理的搭配，组织到旅游线路中；另一方面受气候、季节等外力因素的影响，各旅游景点（区）呈现出淡季和旺季之别，因此，在设计旅游线路时，应充分考虑这些因素的作用，使游客不论在哪个季节都能有景可赏。

(2) 旅游线路设计

在旅游线路组织的过程中，不仅要考虑游客行为，旅游方式等，还需考虑旅游资源的特色；综合分析区域内一些优势旅游资源和特色旅游资源产品，在城市范围内考虑哪些品牌优势不明显，资源引力较弱的旅游景点，做到以强带弱，以弱补强，捆绑开发[8]。根据这些理念，笔者总结了适合南宁的三种旅游线路组织方式（图5-15）。

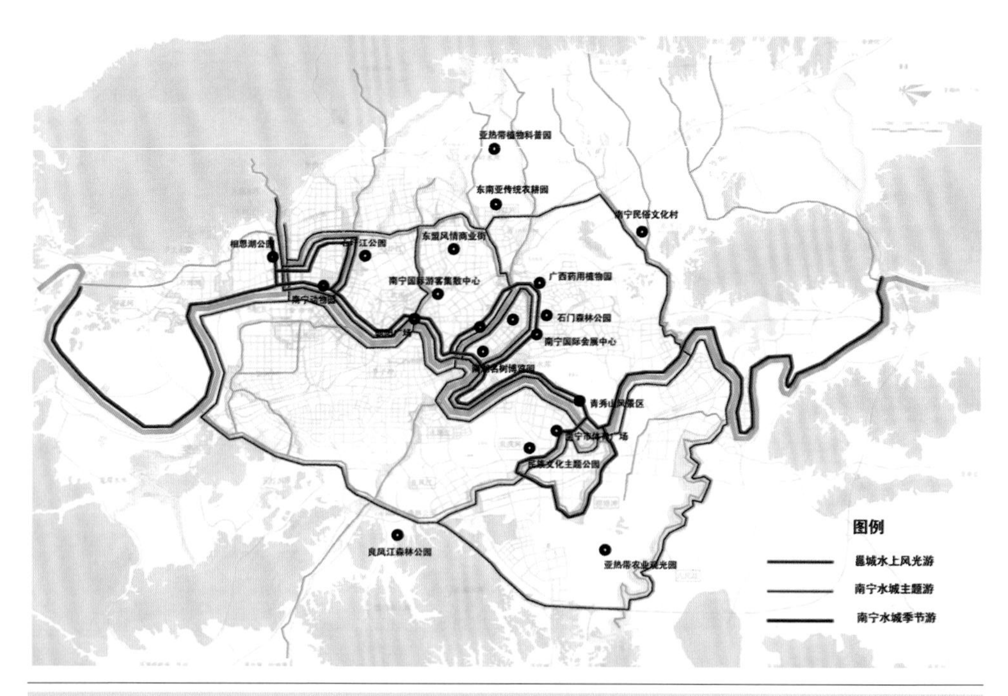

图5-15 南宁水城旅游线路设计图
（资料来源：笔者自绘）

① 优势组合模式

将城市中的若干旅游特色突出，差异显著的旅游景点（区）强势组合起来，形成该区域的旅游增长极，这种旅游线路组织模式用强大的资源品牌效应来吸引客源，以保证旅游线路的持久生命力。

② 主题组合模式

将一定城市范围内风格相近或性质相似的旅游资源组合起来，根据旅游活动的主题来组织旅游线路，形成主题鲜明的旅游行程。

③ 季节组合模式

随着季节的变化，旅游资源呈现不同的旅游特色，根据各旅游资源的季节性来组合不同的旅游线路；还可利用区域内各地区固定的节庆活动和民族民俗活动来组织旅游线路[9]。

通过综合分析上述的旅游线路设计的基本要求，优势组合、主题组合和季节组合这三种旅游线路组织模式的特点，同时遵循旅游空间布局设计的基础上，笔者尝试着从优势组合、主题组合、季节组合三种线路组合模式思考来组织南宁水城旅游线路（表5-3）。

表5-3　南宁旅游线路一览表

线路组合模式	旅游线路设计
优势组合	“邕城水上风光游”：青秀山风景区—南宁国际会展中心—石门森林公园—金花茶公园—心圩江公园—相思湖公园—南宁动物园
主题组合	“南宁多民族文化主题游”：民族歌舞广场—南宁民俗文化村—民族文化主题公园—五象广场 “南宁亚热带风光主题游”：相思湖公园—南宁动物园—金花茶公园—广西药用植物园—石门森林公园—南湖名树博览园—青秀山风景区—亚热带农业观光园 “南宁东盟风情主题游”：南宁国际会展中心—东南亚传统农耕园—东盟风情商业街—朝阳广场
季节组合	“春泛邕江歌传情”：青秀山风景区—邕江泛舟—朝阳广场—人民公园 “夏至南湖承凉意”：名树博览园—金花茶公园—五象广场—南宁国际会展中心—石门森林公园—广西药用植物园 “秋撷红豆相思畔”：心圩江公园—南宁动物园—相思湖公园 “冬煮青梅五象旁”：青秀山风景区—民族文化主题公园—五象湖森林公园—良凤江森林公园

参考文献

[1] 南宁市规划局．南宁市城市总体规划2008 ~ 2020. 南宁市人民政府，2008.

[2] 广西壮族自治区旅游局．南宁市旅游工作会议，2012.

[3] 南宁市规划局．南宁水城建设规划．南宁市人民政府，2010.

[4] 马晟坤．城市滨河游憩带的旅游开发及其空间布局研究——以兰州百里黄河风情游憩带为例[D]. 西北师范大学，2007.

[5] 罗晓香．城市滨河区旅游开发研究——以黄浦江沿岸旅游开发研究[D]. 上海师范大学，2009.

[6] 黎万山．区域旅游整合研究[D]. 重庆师范大学，2004.

[7] 贾玉成. 风景区旅游线路的创新设计[J]. 改革与战略，2004，20（10）: 54-57.
[8] 汪淑敏，杨效忠. 基于区域旅游整合的旅游线路设计——以皖江一线旅游区为例. 经济问题探索[J]. 2008，29（4）: 103-106.
[9] 赵晔. 昭化镇旅游者旅游行为与空间形态互动性研究[D]. 西南科技大学，2009.

6

南宁生态网络都市区沿岸用地调整研究

6.1 水城建设使用地调整成为必然

6.1.1 研究背景

城市的发展演变是在各种新因素作用下得以发生的，每当城市中出现新的元素，城市物质环境形态就会发生一定程度的变化，这些新因素对城市的影响往往是长期的、内在的和巨大的。它们可能是某个城市历史事件带来的契机、新建设的地铁、兴起的CBD、旧城改造和公共空间等，甚至是小规模的、特别的实体，如一列廊柱或喷水池。这些新因素改善了其周围的元素、提升现存元素的价值或进行有利的转换。

但是针对受新因素影响所带来的价值的变化，城市总体规划每次都作出相应调整的可能性微乎其微。而缺乏了规划作出的应对，这些资源性因素就难以合理发挥为城市服务的原有效用。另外，因素加入后所产生的效益往往流失在少数得益者身上，利益不能公共化。所以，针对城市中具有资源效用和推动发展作用的新因素，就需要规划同时作出应变，通过新的规划控制调整更好协调新因素与城市的关系，以达到经济、社会、环境等方面综合效益的最大；同时，使所产生的效益作为公共利益使全体居民受益，如何做到这些是我们亟待解决的问题。

论文首先提出了新因素的加入是规划调整的动因这一观点。笔者认为，在新因素影响下，规划需要做出应对，为因素能最大限度地发挥其效应提供有利条件，确定规划调整的目标。通过规划调整优化和完善水系沿岸两侧土地使用的功能、空间形态，使水系沿岸土地得到良好增值，同时做到社会、经济、环境综合效益的最大化。其次，提出规划调整后利益重新分配的观点，以弥补利益分配中少数人受益的欠缺，探求公众受益的分配方法与途径。希望通过研究为利益的重新分配提供案例，从单一的经济增值转变为综合效益的增值；从单一的少数人得益转变为大众性受益而非部分企业受益或开发商受益，强调了公共利益。文章旨在对南宁城市建设有一定的指导意义，同时对其他城市建设也提供一个普适性的案例。

6.1.2 南宁“水城”建设及随其产生的公共利益的思考

作为拥有“联合国人居奖”、“中国人居奖”、“中国绿城”、“中华宝钢环境奖”、“全国文明城市”等靓丽名片的城市，南宁市的绿化覆盖率达到了40%以上，拥有“绿城”的美称。而水系环境的综合整治本身作为一项优化环境、保护环境的生态工程，其内部生态体系的建成，对提高城市空气质量、树立城市形象、提升城市品位和改善市民居住生活环境等均起到积极的促进作用，也将使南宁市再拥有一张充满魅力的“水城”名片。“水城”建设通过水系环境的整治，结合景观设计和旅游、休闲服务设施，增强了市民的亲水性和可参与性，使其真正发挥城市公共开放空间和休闲娱乐场所的功能。项目的建成，将为南湖—竹排冲流域以及整个南宁市民提供很好的休闲娱乐、风景观赏的场所，也必将吸引更多市民到此游玩观光，这将极大地提高南宁市民的生活质量，丰富人们的休闲方式，提高城市的生活品位。

南宁“水城”建设有条不紊的推进，城市相应的配套设施逐渐完善丰富并为城市生活的正常运转发挥效用。这个规划举措不但促进南宁城市环境和经济的共同进步，而且还能够完善南宁城市形象，形成具有地方特色的旅游产业，营造一个机遇众多的投资环境。随着“水城”项目的建成，环境质量得到了改善，促使南宁市部分土地利用效益产生积极变化，形成了吸引大量外资投资、增加城市税收的良性循环。而城市特色旅游业等第三产业的兴旺将会提供很多新的就业岗位，也促进城市经济的进一步增长。可以说，南宁“水城”建设为城市注入新的活力，激发城市发展的潜能，客观的社会效益将会随之而来[1]。

南宁市水网格局的加入为南宁城市的发展提供了新契机，成为有利于南宁城市发展的资源型新因素。如何有效利用水网这个新因素就需要规划同时做出应变，以发挥这个资源性因素的效用，同时达到综合效益的优化以及利益分配的公共化两个目的。

6.1.3 规划调整是实现规划得益再分配的有效手段

在英文释义中，公共利益被表达为“Public Interest”，意指与民众有关系的、大众的，或者被民众、大众所需求的利益。在我国《宪法》在第二十条与第二十二条修正案中的“公共利益”[2]相对比较侧重于税收。在日本专家学术研究过程中，公共利益普遍被理解为个体利益的总和，这个具有公平属性的原理可以很好地协调个体之间产生的冲突与矛盾。所以可以这样认为——公共利益是一种正面的、个体的利益，同时涵盖社会大多数民众对集体利益的需求。其涉及环境保护、资源分配、公共空间、保全设施、公共设施、道路交通、卫生医疗设施以及教育文化事业等多个方面[3]。在城市中，只有维护保障公共利益，才能实现公共资源[4]的合理配置。

目前世界上很多国家在定义公共利益所涵盖的内容上都比较类似，大部分都包含交通、国防、政府用地、教育、医疗设施等方面。但不同的社会体制、不同的历史背景、不同的民族风情又造就了不同国家对公共利益各具特点的理解。但这种种理解的共同性都集中在个体利益、权力与集体利益、需求的制衡关系。世界上普遍意义涉及用地方面的公共利益所涵盖的内容可以总结为下面几个方面：① 公共设施用地，例如教育、医疗、宗教、文化设施用地；② 公共市政用地，例如给排水、电力电信、能源管线等设施用地；③ 道路交通用地，例如公路、运河、道路桥梁、站场码头用地；④ 公共活动用地，例如公园绿地、小游园、运动场等用地；⑤ 特殊功能用地，例如军用设施、军用基地、兵营等用地。另外，也有一些国家的公共利益还包括为低保居民或社会弱势群体提供居所这部分内容；同时也有类似津巴布韦共和国相关法律中阐明政府可以征用部分人的农场用地分发给没有土地的黑人或弱势群体。

但在实际操作上，如何维护公共利益是一个具有争议性的问题。从社会公共学角度看，不难发现社会上每个个体都是从自身利益得失出发的精明、理性的利益争夺者；与之相较，当公众利益与个人得失鲜有关联、甚至还侵犯个人利益的时候，利益个体出于保护自身的目的，即使长远看来公共利益将带来社会普遍性的收益，他们往往也会阻碍、反对公共利益的实现。所以，设立一个为公共利益伸张正义的、能够代表民众的权威性组织机构，是解决社会主体公共利益受侵害、弥补公共利益声张者缺失的好办法。从当前世界上普遍情况看，适合担当这一角色的主要有政府、国家机关、民间自发公益组织等[5]。而在我国，政府机关常常被认为是声张公共利益正义的主要机构，政府为公共利益和公共职能的维护起到监督、倡导的作用，可以说是社会公共利益的最高代表，但此种公共利益却不能笼统的包含政府利益，二者存在差别。

但实际情况往往是在社会分工趋于细化的情况下，政府调控管理的行为已经成为越来越专业化、特殊化的工作而渐渐被独立出来。同时构成政府管理层次的元素恰恰也是经济学含义上的、具有自己主观意愿、兼具政治利益和经济利益的行为主体——“经济人”。所以，这个社会公共利益的声张者在特定的市场经济环境下，也难免成为追逐个体利益最大化的奴隶。为了权衡自身利益的得失，他们同时扮演了政府决策具有公共属性的公共利益声张者和具有自利意识的个体利益追逐者两个角色。而在特定的市场经济环境下，政府的天平常常会偏向个体属性的一方，所以说政府虽然主持声张公共利益，但也在追逐自身利益。政府工作的实施执行者常常会借助政府权力保全个人利益，抑或是政府机构内外利益的交互权衡，主要达到扩大政府规模、增强政府权力等目的，直观的看来，我们可以了解到很多政府为了累积政绩做出一些短期、效果显著的决策。所以，政府究竟是不是长久的公共利益维护者和声张者的答案也不言而喻。在个体利益的趋势下，政府机构内部形成的政府利益使决策者在执行公共举措时也时刻拿捏着自己的算盘[6]。而公共利益的维护需要公正的公共政策的设置和实践，在政府利益的冲蚀、在法律监督体制尚不完善的情况下，极容易产生公共政策的制定实施与公共利益的实现这个目的背道而驰情况，即公共利益的需求不能够被公共政策的制定和实施来满足，这种所谓的社会公共政策也就形同虚设[7]。

对公众利益和政府利益加以区分后，我们期待一个能够在政府和公众利益之间起调和作用的“和事佬”，这一角色恰恰是由城市规划来充当的。保护公共利益是城市规划行为最需要具备的特征，它是规划城市最切实有效的手段以及政府治理城市的主要参考；对于公众权力的有效利用和个体权力的控制与维护是城市规划行为的本质，这主要体现在规划得益受益主体所享有的权利上[8]；对于其他公共利益的维护者，城市规划是其实施行动和做出相关决定的准绳。在承担众多社会期望和扮演重要角色的情况下，需要城市规划在特定的环境下明晰多个利益集团的关系，不要混淆了公共利益与多方利益综合体的概念，才能保证在执行规划行为的过程中真正保护公共利益的实现。

在我国，政府通过控制性详细规划的编制和实施来实现对城市的管理；同时，控制性详细规划也是维护公共利益不受政府利益、个体利益侵蚀的有效手段，由公共政策、图则、法规条文等构成的完整的控制性详细规划体系担负着城市居民的生活是否安全、便捷、舒适、健康的重要责任。所以，控制性详细规划在维护社会的公正公平和综合效益的最大化的过程中可以在某种意义上对抗政府对个体利益和自身利益的过分偏向。可以说相较于城市总体规划的政府决策性，控制性详细规划因其具有相对细化的规划手法而更能有效地保证公共利益的回归（表6-1）。

表6-1　总体规划与控制性详细规划内容对比表

项目		总体规划层面	控制性规划层面
基本特点总结		侧重于整体宏观原则与对策； 对应城市总体规划用地功能分类	侧重于围观设计控制与引导； 着重塑造实体空间布局
具体设计内容区别	城市特征	根据城市的历史沿革、文化底蕴梳理城市特征，进而确定分区	根据区位、文化等特点，针对具体地段分析城市特征
	景观	确定整体景观规划策略，建筑高度、视廊、竖向景观宏观把握，确定城市建（构）筑物景观的原则	落实具体形体要素设计，把握建筑高度、标志物、景观廊道
	空间结构	景观、空间轴线宏观关系	微观把握建筑与土地的关系，包括位置
	绿化与公共空间	绿化与广场的结构、布局与分类，主要确定整体原则	划定范围、确定位置和类别，具体控制要素的内容
	道路与交通	确定道路交通整体发展策略，把握其性质与等级	道路分类、交叉口、人车分流、客运站点、消防通道以及竖向交通规划
	功能区	针对各个功能分区给予存在问题、规划原则与对策的评价，着手于地段功能划分	用地不同功能区的整体环评，分析潜在问题与优势劣势，各个用地功能的权衡与优化组织
	行为主体	针对人的活动构建行为场所系统，确定发展原则	具体地块活动场地的划定
	重点设计	依照现有条件构思项目初步规划设计意向	具体设计，地块空间上的体现，确定实现形体设计的具体操作方式与步骤策略
	建筑单体	鲜有涉及	建筑退现控制、出入口方位确定、开发强度的把握，景观要素的设计，建筑高度与形体把握
成果内容		成果主要体现规划原则、目标、对策的重要性；图纸以宏观系统把握为主	具体规划设计图、控制图则、建筑单体示范以及必要的分析图；文本针对微观规划设计、建筑单体的设计手段与方法

6.1.4 用地调整

用地调整之于控制性详细规划中，是体现在规划的实施进程中。针对实施过程中的控规种种数据指标，实际操作是对其的不断考验，随之会产生调整控制指标的需求。具体来说可能是对用地性质、开发强度、道路位置布置等变更的需要。

但这种变更并不可以随心所欲，在2008年颁布实施的《城乡规划法》第48条对控规调整有相关规定："修改控制性详细规划的，组织编制机关应当对修改的必要性进行论证，征求规划地段内利害关系人的意见，并向原审批机关提出专题报告，经原审批机关同意后，方可编制修改方案。修改后的控制性详细规划，应当依照本法第十九条、第二十条规定的审批程序报批[9]。"这说明控规调整行为必须遵守行政审批程序，城市可以根据自身条件不同，在遵循法律规定的前提下，制定具有自身适应性的控规调整方法[10]。

6.1.5 案例：苏州轻轨建设带动沿线用地发生变化

随着苏州轻轨1、2、3、4号线正式获国家批准建设，首期开工的轻轨一号线的建设如火如荼，苏州轻轨时代进入倒计时。自2007年12月26日，苏州市轨道交通工程正式动工以来，不时传来一号线具有节点意义的佳音。经历了十多年的开发建设，高新区现已成为城市功能完善、空间布局合理，人居环境舒适、商业氛围日益成熟，人气愈发集聚的新城区。轻轨的投入建设，为沿线周边带来巨大的影响力。

轻轨引发商业先机，沿线物业潜力绽放（图6-1）。作为连接高新区和吴中经济开发区的重要干道，金枫路木渎段很是忙碌。众多产业孵化载体的入驻，金枫路木渎段1.3公里，将变身为引领千年古镇产业升级的创新创意产业街区。金枫路街区作为引领这一区域产业升级的排头兵，开始进入大规模的开发阶段，各大商业项目的投资潜力引起很多关注。

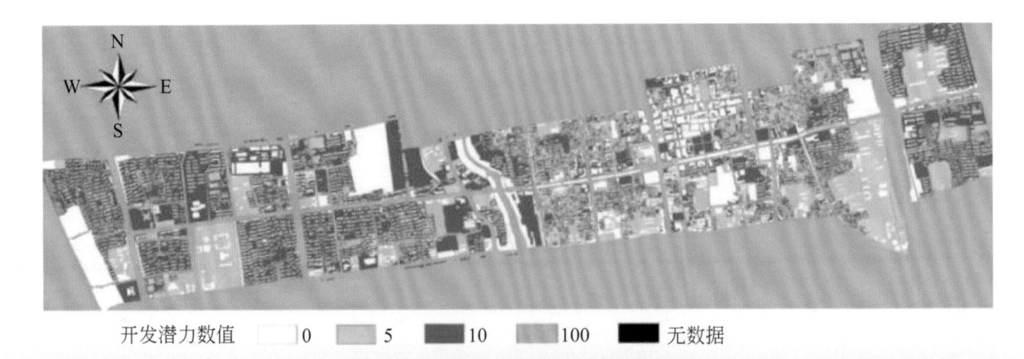

图6-1 苏州轻轨沿线土地开发潜力

新区的滨河路、古城区的西环路这两条主干道，被京杭大运河阻隔。向来由“何山大桥”、“狮山大桥”沟通往来，轻轨一号线开通后，主城城区（古城和高新区）因为轨道交通打破地理障碍，相互交流势必更为便利。润捷大厦正好处在滨河路和邓尉路交界，高新区核“新”地带，凭借本身商务配套齐全以及便利的交通优势，租金又相对便宜。有业内人士表示，这样的商用物业，必将因轨道交通的开设而受益。记者也从润捷大厦物业部门得到了证实，“自从轻轨一号线规划并建设以来，由于楼下即是轻轨一号线‘滨河路’站点，精明的企业正是看到交通条件降低商务成本的因素，各类型的企业争相入驻办公。”可以看到，轻轨周边物业，住宅、商铺以及写字楼的投资价值随之看涨，其投资价值也越来越趋于明显。

商业地产迎来轻轨新时代，是机遇也是挑战。新港天都花园，位居苏州高新区狮山板块，轻轨一号线在此设玉山路站。作为综合体量约40万平方米的大型商住项目，自身商业配套“狮山购物广场”从规划之初，就注定面临强大的竞争。“狮山购物广场”与同在狮山商业板块内的“绿宝广场”、“长江壹号”，在物业类型上非常相似。然而“绿宝广场”、“长江壹号”等这些项目，经过这几年的发展，已经开始逐步有了一定的人气。加上“绿宝”未来或将开建影院和高档酒店及写字楼，“长江壹号”也有“金逸影院”和“大卖场”与之形成错位竞争（图6-2）。据悉，苏州乐园东边地块也将规划成一个50万平方米的超大城市综合体，就地理位置来说，显然是狮山路沿线更有优势。由此看来，虽然狮山购物广场处在玉山路枢纽站，未来可以直接从轻轨站台进入其商场内部。

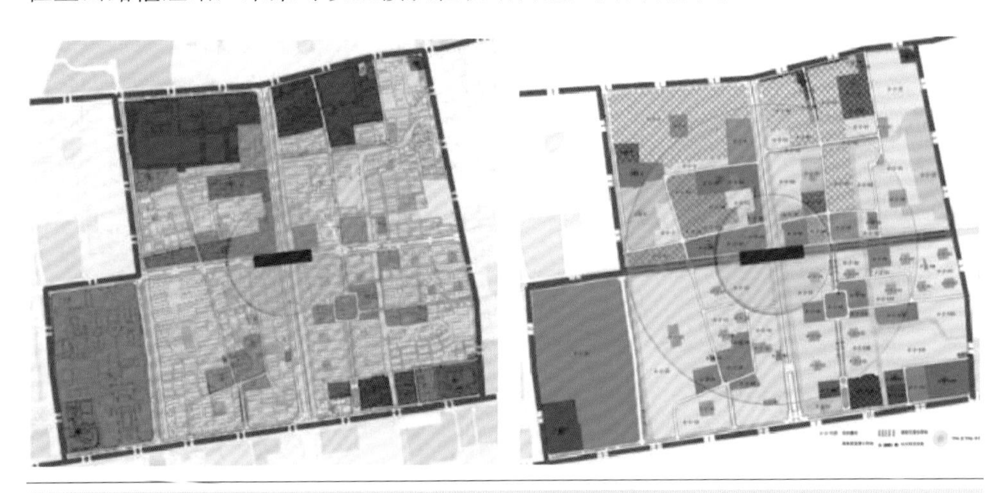

图6-2　调整前后桐泾路站点周边用地模式

原有商业格局或将被打破城市外围商业发展堪忧。城市发展是大问题，轨道交通不仅能解决出行难的问题，还可以减缓道路的交通拥堵压力。也不难发现，在已经建立轨道交通的地方，往往能集中人流，汇聚物流。从上海、北京等轨道交通发展日趋完善的城市来看，轨道交通在方便了大家的出行的同时，最重要的影响是会对沿线周边的房产市场价值带来极大的提升作用。“轨道交通建到哪里，房地产就火到哪里。”北京城市国际研究院常务副院长章惠生，如此看待轨道交通建设对房地产价值的影响。轨道交通带来的消费潜能巨大，稳定的人流也将缩短商业培育期，降低商业持有者和商铺经营者的运营风险。然而，位于城市外围轨道交通站点的地铁商业面临的问题是，轨道交通开通前期，便捷的交通条件可能拉动区域内的消费者去传统商圈消费，而不是选择就近购物，地铁商业面临的短期经营压力会很大[11]。

6.1.6 小结

由以上国内知名案例可以看出，苏州轻轨建设项目为城市带来新的活力，潜移默化地提升城市整体环境功能，为沿线土地带来增值空间，是通过一种新的规划手段的介入，验证了城市催化剂理论。这给南宁“水城”建设也带来了思考的空间，这个建设工程是一个契机，为南宁城市沿岸用地的利用和发展带来了更多的可能性。

6.2 以“水”为催化剂的土地利用效益变化特征

6.2.1 引发城市土地利用效益变化的因素

在社会经济环境的运作下，引发城市土地利用效益发生变化的根源可以划分成人为原因和自然原因两个类型。

自然原因并非指一般意义上的自然发展过程，而是在特定的社会经济运作环境中，经济的蓬勃发展提升了城市整体经济水准，地价伴随着土地需求量的不断扩大而随之上升并越演越烈，政府、土地经营者不断通过种种手段变更着土地的性质和用途，将土地作为一个“获取利润”的媒介，不断榨取用途变更后的收益差值，更多完善的城市服务设施、市政设施的投入让土地级别被一步步抬升，激发自身和周边土地的利用效益增长[12]。

人为原因也可以引发城市土地利用效益的变化，体现在个体成为城市土地经营者时，针对市场需求和经济发展需求，投重金为土地“美容”，这么做都是提升土地资产含金量或土地成本的手段，地价上升了，土地的使用价值自然也会上升，而利润的增加也会反复投入到土地改良、再利用中去，形成了一个步步高升的循环[13]。

6.2.2 规划行为对土地利用效益的影响

毋庸置疑的是，规划行为对土地利用效益有着直观的影响。一个合理的城市规划能够激发出土地利用效益的潜在可能并支撑城市社会、环境、经济的和谐共生发展。即使这个规划不是针对性很强的详细规划，而是宏观的区域规划或总体规划，这个影响也不会发生质的改变，规划行为控制着对土地的使用功能、开发度。而往往越是宏观的规划手段，对土地利用效益的直观影响越是微弱[14]。

（1）宏观规划行为对土地利用效益变化的影响

宏观规划行为对土地利用效益变化的影响，主要是对整体结构和整体开发强度的把握这两个角度上得以形成的。

首先，对土地利用效益变化的空间层面影响就关系到城市的整体结构，涉及空间和分区因素。城市地价、等级划分都由城市整体空间结构的把握来决定。一些热点功能的规划分布形式直接影响到土地开发利益的整体水平和级差地租在各个等级土地间的体现。而宏观上地块之间的通达性也决定了下一步的道路结构，交通是否便利也成为衡量土地利用效益的一个准绳。

另外，针对土地整体开发强度，强调和控制城市建筑开发总量和开发强度的原因是目前在城市居民、城市用地、建筑和土地承载力之间存在很多的矛盾，在土地利用过程中，房产的炒热使很多开发强度过高的建筑物春笋般地涌现出来，过度的建设会使环境承载力超负荷运转，所以规划行为需要让整个承载力保持在健康的水平上而对整体开发度给予宏观把握。

概括地说，宏观规划行为对土地利用效益的影响主要体现在战略层面，虽不容易被直观具体地掌握，但它始终是影响和控制土地利用效益的缘由所在。它在宏观上确定城市土地的等级、功能、结构，为土地利用效益变化划定了可能性的区间范围。

（2）中观规划行为对土地利用效益变化的影响

中观规划行为主要指我国城市分区规划，这个层面的规划行为对于土地利用效益变化的影响至关重要，它建立在上位规划的基础上，为了保证规划与下一阶段的详细规划顺畅接轨，在中观层面对土地功能使用、具体布局、设施建设等方面做深一步的设计。

分区规划主要是扮演城市土地利用法规文件这一角色，在城市建设过程中具有指导作用。在分区规划的经验上，美国、加拿大、德国等一些国家的手法比较成熟，也可以参考我国香港分区规划的案例，它们主要采用的都是控制性规划的方式方法，以解决老城区的土地矛盾、建筑改造、道桥配置、绿化景观等问题。同时，分区规划从中观层面对土地的用途、开发度、市政服务设施的布置提出方案。在整个城市中，市域规划区道路走向、市政设施、红线划定，这些都受到分区规划决策的影响，所以中观层面的规划行为关系到地块内土地利用效益变化的幅度；另外，分区规划也直接影响下一层面微观上土地使用价值。

总之，中观层面的规划行为在规划层次中起到承上启下的作用，它既细化和落实了上位规划的指导措施，又提纲挈领掌控城市的发展。在分区规划的引导下，土地利用效益体现在城市景观环境得到整体的规划、城市用地结构得到具体指引。对于下一层次的规划，它规避了缺乏中层引导的混乱微观局面，更有利于建设一个宜人、高效、公正的城市环境。

(3) 微观规划行为对土地利用效益变化的影响

微观规划行为是针对城市用地最直观的控制引导行为，主要是指控制性详细规划，也应包含建筑的单体设计和修建性详细规划。它必须服从于上位规划的引导，在微观层面对土地利用进行必要的控制，切实关系到用地范围内的控制要素指标，也关系到整个土地利用的效果。控制性详细规划中涉及很多细微的指标，但作为微观层面的规划，将对土地利用效益变化产生影响的内容主要体现在下列几个部分：

土地功能的划定；

土地开发强度和功能兼容区域划定；

内外道路及其等级的控制；

公建配备及相关设施；

景观环境营造。

可以看出，微观层面的规划行为已经直观涉及具体建设内容之中，它对土地利用效益变化产生的影响是最直观最明显的。

(4) 规划行为对相邻土地利用效益变化的影响

上面分析阐述了宏观、中观、微观规划行为对土地利用效益变化产生的影响，但有一种情况可能贯穿在这三者之中，它对土地利用效益有可观的影响效果，这就是规划行为影响邻近土地利用效益产生变化。比如交通规划在特定的地区和情况下，可以对周边土地用地功能产生影响使其改变，这种改变效果等同于一个新的规划所带来的效果。这种邻近地块受到规划影响所产生的效果往往非常直接和快速，土地利用效益的变化也是最为显著的，可以说，规划行为在不同层面都会影响相邻用地的地理优越性[15]。再比如，同样一个地区的邻近地块，建设一个环境优美的公园和建设一个垃圾填埋场所造成的效果是不同的：受前者影响，该地块的土地利用效益一定会因此提高；而受后者影响，这块土地恐怕会无人问津。

综上所述，规划行为在从不同层面上对土地利用效益变化产生的影响都很显著。但对于效益变化产生的幅度控制则是从微观上把握最为恰当，因为规划决策的制定是直接针对土地对象进行，所以越是针对性强、越是微观的规划行为所带来的增值效益就越容易预测。

6.2.3 南宁“水城”建设对沿岸用地利用效益的影响

河滨用地、湖滨用地、海滨用地共同构成了城市滨水用地。这些河湖水系是城市的一部分，所以对于滨水用地的规划于建设就成为城市整体景观环境营造和滨水用地整治的重点之一。

在我国，城市水系整治改造、沿岸景观营造的规划项目早有先例，凡是有历史根基的城市大部分都遗留着军事功能的环城河。在为数不少的规划项目中，济南、沈阳、合肥等城市将环城河改造建设成具有文化历史底蕴的公园景观；北京、成都都有对市内的水系简单改造工程；扬州瘦西湖的水系改造也颇有成效。这些案例都能够为未来水系规划、水系整治工程提供宝贵的经验和参考意见[16]。

不同的城市具有不同的发展前景和诉求，这些都决定了城市土地利用的格局和功能构成，水系结构的渗透对城市的自身结构也有着重要的影响力。一座城市的沿岸用地是城市中最具有开发潜力的地段，景观的优越性为用地带来了多种可能和持续的活力。南宁“水城”规划建设为沿岸用地利用效益带来了快速提升，沿岸土地使用功能变化、相邻用地的发展、城市经济的复苏都可以很好地证明这一点。

土地利用效益变化包括土地利用物质效益和土地利用资本效益，二者是协调统一的，土地利用效益可以用货币的方式表达成土地的价值。所以土地利用效益变大，就可以表示成地价的提升。土地的讨论离不开城市的建设，对于土地的大量需求和土地的有限性使决策者和规划行业在土地问题上尽量集约利用土地，调整变更原有单一的用地性质，增加便利完善的城市服务设施，受此决策影响的土地和其相邻土地利用效益都会提高，形成联动效果[17]。

南宁“水城”建设对水系沿岸用地利用效益产生影响，成为激发土地增值的“催化剂”。水系规划对沿岸用地增值效益的产生，主要是因为：首先，水网的系统性建设改善了原有的水系状况，解决了部分水系难题，通过水系的连通，拉近了沿岸用地和城市中心的联系；其次，“水城”规划建设是一次对沿岸用地的调整，通过调整为沿岸用地的性质变更提供了可能性，发挥了土地高效利用的特长，增加了用地的利用效益；另外，“水城”建设规划使沿岸用地的相对区位变优，整合了水系两岸用地的关系，这时的水不再是分隔线而是连接线，加强了两岸土地的呼应，使其相互促进共同发展，再由联动效应的激发，整个沿岸用地都将成为城市发展的黄金带。这就是上文中阐述的“催化剂”理论的很好应用，经过很多研究的积累和案例落实，说明南宁“水城”建设对沿岸土地利用效益的影响是积极有益的[17]。

6.2.4 规划行为引发的利益及现有分配特征

（1）国外土地利用效益变化收益分配特征

针对土地利用效益，世界上很多西方国家都有一个公认的态度，认为这部分利益的增值是共同归功于国家决策者的英明领导、城市政府的合理指导管理以及城市居民的共同努力。所以，这些国家都建立了包括受益者合理负担制度、先买权制度、土地公共取得制度以及税收制度的土地增值回收制度。在这些详细的制度款项中，土地增值税的课取是被这些国家普遍采取的分配方法[14]。但必须提出的是，针对这个土地增值税，每个国家对其所下的定义大不相同，其中税率、税种等要素的设定并不统一。通过梳理和总结这些国家土地增值税的特征和原理，能够对我国针对土地利用效益变化收益的分配提供具有裨益的帮助。

（2）我国城市土地利用效益以及收益分配现状

目前，作为我国主要实行的土地增值税，土地增值税出台的时期恰恰是我国房地产行业最低迷的阶段，交易量的缩水、盈利减少、很少有纳税人能够达到纳税的标准，这与土地增值税出台前对于税收的预测大不相同。税务部门纷纷表示土地增值税的源头紧缺、收入低下、费用却很高，尤其是在房地产行业原地踏步的时期和地区，这个税种的设置根本没有实际的税收效用。

而先进的土地增值税又是对房地产行业收取重税，并不将其所得利润区分为资本所得和正常所得。超率累进税率的税负比其他国内税种税负高。另一个缺陷是忽视了时间要素，导致阻碍长期经营管理问题的产生，滋生出很多不好的现象，例如土地投机转卖，在这个过程中，大量的土地增值效益从国库中消失。

税收的辅助制度不健全，计税依据不尽合理。我国尚无法律对此进行约束，导致这部分税收白白流失。

6.3 规划得益再分配的公共还原策略

在经济环境的驱动下，人口的城市化蔓延加快了城市化水平的提升，社会在飞速发展的时期面临着多重的矛盾和难题。所以，城市规划在建设指导城市发展的过程中也面临很多困难和挑战。这个时期，城市建设的快速发展遇到城市政府公共财政拨款的不足时，一些公共基础设施、服务设施的建设就需要通过市场调节的手段来加以弥补。这就随之产生了很多利益冲突和矛盾，主要体现在公共利益被个体所占有，这种“不劳而获”的同时又侵害了整个社会的公共公平性，成为社会发展的隐患。所以规划行为带来的社会收益该如何对待，成为一个重要的社会话题。

而规划得益再分配的角度，可以理性地分析上面提到问题的根源、发展和解决的可能性。通过对规划得益再分配公共还原策略的思考研究，希望在解决社会矛盾、维护城市建设秩序、协调利益集团关系上有所帮助。

6.3.1 我国规划得益分配的现存问题

我国规划得益面临着诸多问题，规划中侵犯城市公共空间、不顾及居民生活环境和心理感受的规划层出不穷；另一方面，针对规划后土地所产生效益的分配也存在公共还原层面的缺失。而造成这一现象的根源就是缺乏一个行之有效的监督和管理制度。

（1）公共空间的公共还原缺失

公共空间从字面意思理解就是公共的、大众的活动空间场所，它应该归属于大众、服务于大众。通过公共空间，城市居民可以随心所欲地行走、畅谈、游玩，它是城市公共生活的载体，展现着城市风貌和城市公共生活，透过公共空间我们可以感受到一个城市的活力所在。一个合格的公共空间应该是集适应性、地标性、通达性等多个特征于一体，这些特征关乎着居民的切身感受。它因为居民的活动才具有存在的意义。

谈到公共空间的公共还原缺陷，并不是说我国城市普遍缺乏公共空间的存在，而是这些公共空间的设置并不能很好地为城市居民服务。公共空间日趋面临被侵占、存在意义被扭曲的问题。事实上，公共空间是建立在城市公共生活的基础上，背离了这个原有的初衷，与公共生活的脱节造成了我国公共空间公共还原的缺失。这种种弊端体现在以下几个方面。

① 忽视了居民的需求和感受的公共空间，这样的空间很容易被城市居民所遗弃，使原本配备的功能也名存实亡；② 缺乏人性化的大规模公共空间，这类公共空间在设计上往往过多地注重尺度、轴线等硬性的设计手段，在这样的空间里，居民感受不到平凡生活中公共生活的乐趣；③ 过分注重构图的公共空间，这类公共空间强调了形式主义，但生搬硬套的构图会遗失我们在设计中应该坚守的因地制宜的原则，设计的美感应该存在于生活之中，而不是形式本身；④ 借鉴其他国家设计的城市公共空间，这类公共空间的建造忽视了地方性这个要素，无视文化历史的存在，得不到城市居民的长久驻留；⑤ 功利性过高的城市公共空间，这类公共空间往往忽视了城市自身的资源条件、经济环境条件，一味地追求建设效果，成为华而不实、忽视人本的败笔[18]。

（2）土地所产生效益公共还原的缺失

规划得益是要有多个利益集团存在，并且他们的利益相互交叉的情况下产生。这些利益集团相互有利益关系的冲突，规划行为的影响所产生的一部分利益存在于不同的利益创造者和利益瓜分者之中。一些西方国家，因为房屋作为私有财产，私人产权者就可以随意支配这块土地，这个权利一直贯通甚至超过国家政府的规划调整政策，当国家想要通过规划手段对这块土地进行动作，也需要征询私人产权者的意愿，通过协商或赎买的手段与其达成协议。所以，在城市规划行为的进行中，不管什么国家或地区都会因为利益集团的不同而产生外部影响力，从而规划得益的增减也就随之出现。

随着规划行为产生的规划得益本质特征是由公共活动目的产生的利益，它的原型是从公共利益导向出发，所以这部分得益的对待方式应该延续公共利益导向这个前提。从这点我们可以得出，规划得益的再分配应该是一种对于社会公平的追求、被社会大众共同承担共同分享，也就是回归于公众。但对于发展中国家来说，为了保证城市的快速发展，在分权改革模式下，发展的要务促使各级政府之间的攀比和竞争。城市的快速发展对城市公共设施的投入提出了更高的要求，但政府财政拨款的紧缺，形成了“小政府喂不饱大社会”的局面，所以对于公共事业的建设，目前的普遍筹资方式是通过引入外资或投资商投资。城市处于开发进程当中，城市与城市之间的都在争夺具有投资优势、实力雄厚的开发商来投入城市建设。为了争取到这部分投资，赢得投资方争夺战，政府的做法就是将一部分公众利益，例如规划得益牺牲掉，来博取投资方的注意。

土地所产生的规划得益在政府集团没有得到应有的分配，而成为用来吸引投资建设的诱饵。我们所强调的公共利益导向下的再分配需要保护这部分利益增值，真正回归到公众，否则将为社会发展埋下隐患。

（3）具有针对性的法规制度缺失

① 公共还原制度缺失

从上述种种问题我们发现，我国规划得益无法得到合理对待的原因除了政府干预以外，相关的公共还原制度的缺失加剧了这部分得益的流失。没有针对性的税收制度、没有有效对于利益集团关系调节的手段，规划过程中也没有明确的指导方式。总之，一个完善的公共还原制度体系没有形成，是致使规划得益公共还原的整个流程得不到完善的行政保护和健全的约束和规范。此消彼长，这部分权力的缺乏使政府得到更多自由处理这部分规划得益的机会，很多由“寻租”引发的社会矛盾就是因此而产生的。

② 利益集团地位悬殊

我们知道，在平等的前提下，社会上利益集团之间的种种交流协调才是合理的。但虽然各利益集团地位平等的理念一直再被倡导，似乎在利益集团多元化的情况下，不同的利益主体都有权提出自身的需求。然后实际情况却并非如此，在规划得益产生后，强势的利益主体往往会毫无惧色地占据这部分利益增值，它们由政治主体、资本主体以及技术主体构成。而包含城市居民、群众和弱势群体的弱势利益主体因为缺少专业性信息资源、缺少稳固的组织基础，再加上维权意识的薄弱，使它们得不到在规划得益分配过程中的公平对待。

③ 监督与辅助制度缺失

在规划得益公共还原的过程中，自由裁量权的体现其作用，这种城市管理制度与英国相类似。自由裁量权经常是要解决实际问题，所以面对复杂的利益关系，作为管理手段的制度应该具有量体裁衣的灵活性。而我国管理制度的灵活性却十分欠缺，同时完善的监督与辅助制度也没有形成体系。公共还原的过程得不到有效监督，自由裁量权却被强势利益集团滥用，所以滋生出规划得益分配得不到公众共享、腐败风气盛行的社会问题。在公共利益被瓜分、弱势利益团体利益受损时，也缺乏一个行政辅助救济制度对其进行补偿和保护。

④ 规划得益使用不当

鉴于我国规划得益分配存在很多问题，至今没有一个系统明确的公共还原方式，特别是具体到个别地区实际操作的时候，规划得益分配的标准更是五花八门，缺乏一个统一的分配标准直接导致在对待这部分利益分配的公共还原问题上要具有针对性的对规划得益进行估算，大大提高了社会成本，相对也削减了能够公共还原的部分。

在具体项目讨论时，由于缺乏应有的公众意见征询和结果公示环节，导致决策都缺乏透明度，政府与开发商之间非常规的操作，很容易造成在我国相关制度不健全的情况下，一些个体利益集团产生怀疑心理和逆反情绪。规划得益的分配不是不能够直接被地方政府收纳，而关键在于这部分利益在回归政府后是否能够从公共利益的角度为城市居民投入到公共设施的建设中来。

6.3.2 回归公众的利益再分配策略

经济环境让各个利益集团在社会经济活动中的关系越来越复杂，政府对于城市开发建设的投资有限，大部分建设城市的资金来自于资本集团，在这个环境中，城市规划不是一个简单的专业技术行为，而是要通过规划手段达到一种协调多方利益和利益公平分配的目的。规划的编制要从达到空间利益的公平，使各个利益集团都能得到相同的利益分配和发展机遇，以保证社会公平。

针对空间利益公平性的维护目前仍然是城市规划编制阶段针对实现规划得益公共还原的基本手段，这个策略可以较好地调控由公共基础设施和公共项目投入建设产生的增值效应，给利益集团提供一个公平分配的机会。同时也能够公平地对城市建设的各个指标进行配置，强调规划政策对利益的协调和指引。主要是要以宏观的规划管理手段为主，在微观层面的城市详细规划管理手段加以配合实现规划得益公共还原。不能忽视利益主体对自身利益的需求，完善规划的公众参与制度，协调利益的再分配。

(1) 维护公共空间分配的公正

在讨论公共还原层面下利益再分配的问题上，规划行为始终维护多个利益集团之间的利益平衡关系，达到抚平社会矛盾的目的。但规划得益分配的公正性不但体现在各个利益集团具有相同平等的地位上，还要体现在公共空间得到公正的分配，这就是所谓的空间公正[19]。就是对于空间资源和空间产品的产生、享有、使用、交换、消费方面的公正。因为规划行为带来的利益和催生公共还原产生的原因都是在空间和空间资源分配合理的基础上进行，坚持公共空间还原的公正分配的同时也要保证还原过程和还原结果的公平。实现公共空间分配的公正，要坚守规划得益公共还原时的空间正义原则。在保证不同利益集团的基本空间所得的同时，也要保证城市每个居民必需的公共生活空间资源，与此同时，在个体空间资源利益分配上，利益受到侵害的一方应该得到合理的补助，与行为主体的身份无关[20]。

（2）维护经济利益再分配的公正

城市规划行为与城市发展过程中所产生和诱发出的利益和利益归属形式，是由利益通过市场行为经过交易流通手段，转化成货币形式以后才直观地显现出来。而这些利益在其他很多时候都潜藏在不动产持有过程中，并不能被直观的发现。所以，要准确把握住规划得益的利益分配问题就要关注不动产的流通过程，这时利益才显现出来。对于利益的回收和调控主要采用可取税收的方式，同时也要监督对这部分利益还原的再分配和使用的合理性。

上面提到规范和监督规划得益所产生利益的合理性问题，从这部分利益来源看，是政府通过税收手段实现公共还原，这部分收益主要是回归政府所有。所以在这部分利益的分配使用上就要注意下面几个方面。首先，政府通过税收取得了这部分利益的大部分，可这部分利益再使用一定要保证真的得到合理的利用而回归公众；其次，从利益集团的平等性上讲，这部分利益应该是被土地使用者、政府集团、资本集团共同享有，但事实往往是对于公共用地的建设并没有受到这部分返还利益的辅助，大部分的交易所得利益都流失在新的土地使用者身上；另外，土地的经营使用可以为开发商和政府带来巨额的财政收入，但这部分利益缺失似乎与前土地使用者再毫无瓜葛。从这种种不公平的分配问题上，寻求一条均衡的分配法则，前土地使用者、资本集团、土地使用者应该共同享有土地对象通过各种途径产生的利益增值，政府不应该过分干预前三者的积极发展，而是要将回收来的一部分经济利益返还到公共使用中去，尽量满足城市公共生活需求。

通过对世界上土地增值收益分配经验的借鉴，再结合我国的现实情况，可以总结出适应我国的土地增值收益分配的思路。

① 对现行的计价程序加以完善

对于现行计价程序的完善可以从完善建立房地产评估体系、设立适应时事的房地产评估单位、注重房地产理论和我国实际情况、提供房地产计价师培训条件以及采用房地产计价评估方法等几个方面入手。一个完善的制度体系的建立，可以有效遏制房地产交易过程中的不良行为，例如炒买炒卖、欺价隐价等。

同时，为了加强土地增值税课取的严肃性和高效性，还可以在房地产产权登记上加以强调和重视。

② 根据使效益产生变化的因素，增加新的税收[21]

在区分了土地的人为增值和自然增值后，我们才可以确定具体的课税对象和课税的范围。建议不将房地产开发商首次转让土地获得的增值收益列入土地增值税的课取范围，这是因为作为一种鼓励性质的思路，可以调动房地产开发的积极性，加速城市土地的运作和开发；为了抑制过度的房地产投机转让，对于房地产经营方从房产交易中获取的利益增值，应该对其课取土地增值税。针对现有可取范围，建议将其稍作调整，另土地增值税能够涵盖、能够激发土地利用效益增加的因素，而后对其进行全盘课取税收。“定期土地增值税”、“土地租赁增值税”以及“土地转移增值税”等新的税收种类设置有利于实现这个目标。

③ 开发商参与公共建设的资金投入

对于城市公共设施的建设，城市政府担负了很大的压力。在这一个问题上，国外有很多成功有效的做法，即受益者负担制度的采用。有点类似于环境治理中“谁污染，谁治理”的原则，在公共建设的资金来源上，它们普遍采用“谁收益，谁负担”原则，并且按照比例缴纳应该负担的款项。比如城市政府可以通过转卖地铁沿线某个期限的开发权获得修建地铁的资金，这样政府和开发商可以互惠互利，同时解决的开发用地不足和城市建设资金短缺的问题[14]。

④ 设计合理的税率级距

税率设计上，应该充分关注到我国国情。地区之间的差异性使土地增值税率的划定不应该一刀切，而是应该由各个地区政府根据地方实际情况加以划定，当然这些税率的设置也要服从国家所规定的大致范围。税率的级距划定目的是遏制非常规投机和鼓励低增值税群体。另外，根据实际情况，可以给予一些奖励措施，比如一个房地产开发商持有土地达到一定年限后转让所得收益应取得一些税率上的优惠，这种办法可以在有效的抑制投机倒把行为的同时又对房地产开发商给予保护和鼓励。

（3）维护相关法律制度的监督执行公正

① 强化公众参与程度与多元化政治结构

规划行为下产生的利益增值因为其数额巨大并且关乎公共利益是否得到保障，驱使规划在编制实施过程当中，设法维持一个有效达到公平目的的规划得益调节手段。这就要求在法律制度层面有一个高效的、参与度高的决策机制，能够听取多个利益集团的想法和意见，以达到公平对待公共利益、平衡利益关系的目的。在一些特殊的情况下，例如自由裁量权应用协调灵活性过高、规划得益对象的现实情况比较复杂，这时一个得到强化的公众参与与公示制度，才能平等对待各个利益集团，给出中肯的意见，真正意义上实现公共还原的目的。

而身为规划行业的设计人员所担负的责任也有所增加，规划师不是单纯的做规划的人，同样也是最权威能够理解、宣导规划的人；在强化公众参与的过程中，规划师可以带领规划区内实现一个正确的规划程序、引领和辅助当地居民重视公众参与并能够参与其中、对规划成果给予评价和修改意见、沟通当地居民与规划单位、当地居民与资本集团多方群体的意见，减少不必要的冲突与矛盾[22]。

② 保证规划程序的公正

规划程序的公正是强调过程而不是结果，这个公正要贯穿规划行为始终，规划行为只有保证了执行过程的公正，才能体现后续的价值。这个理念是对利益持有者的重要保障，它很大限度地支撑了城市居民对于规划的知情权、话语权和参与权，是权力公共还原的完美体现。如果不注重过程中的公平公正，那规划决策很可能被少数利益集团所左右，政府的代言人也具有人类的弱点，作为个体的利益需求一旦左右规划结果，就完全抹杀了规划行为所带有的公共政策属性。虽然规划程序的公正还不能保证大部分的城市规划得益得到合理的再分配，却至少可以保证利益产生过程中的基本公正是受到监督和保护的。

在法律监督层面，针对城市规划管理，我国存在很大的欠缺。在规划得益再分配时，“人治”胜过“法制”，自由裁量权过度使用遏制了程序规范的一些作用，决策显得十分轻率和随意，受到强势利益集团以及个人利益需求左右的情况增多。为弥补这一缺失，避免这种问题的再度恶化，在规划得益公共还原的道路上，应该坚守规划程序的公正原则，规避部分集团利益受欲望驱使导致规划结果的失衡问题，可以辅助限制一些灵活调控的手段不偏离公共政策的准绳。

依法行政、依法治国是用法律规范制衡国家权力执行的正确性和公平性，而程序公正恰恰服从了这个目标。程序正义可以加强权力执行过程中的透明度和合理性，让权威的权力执行过程也有一个公正合理的监督体系，可以有效遏制权力执行者对权力的滥用[22]。

公开公平性的缺失，不利于城市社会的健康运作，是社会矛盾激化的隐患。这是因为隐秘的、制度外的方法所解决的问题，往往会促使城市居民衍生出一种群求真相的心理，如果事件不能得到正确的理解，很容易造成社会的不满情绪；另外不明朗的还原手段会给很多投机开发商提供很多钻空子的条件来躲避其应该履行的义务责任，甚至随之滋生贪污腐败的恶劣现象[22]。所以，一个完善的公众参与制度能够为这个利益分配提供一个公开透明的平台，让每个利益集团都不能逾越所处的规定与程序标准，在一个公平的区间范围内，用这种法律监督手段进行利益的再分配，可以实现利益的公共还原和均衡分配，削弱了社会矛盾激化的可能性。

③ 维护利益集团的平等

城市建设在经济环境中，各种关于利益的矛盾都产生于不同的利益集团对利益的争夺、或分配不均的情况下。规划行为必然会带来可观的效益，公共还原的目的是维护这部分利益分配过程中的均衡性，避免分吃不均产生矛盾的情况出现，再分配中，只有达到一个多方利益集团基本满足的平衡点才能实现公共利益的最大化。如果其中某些利益集团通过不公平手段强行占有大部分规划得益，除了凸显法律监督体制的苍白之外，更加暴露了利益集团之间地位存在差异的弊病。所以，只有维护不同利益集团的主体地位在公共还原过程中的权益，才能实现利益分配的公正。

公共利益并非个体利益的累积，也并非国家主体的利益，它也应该包含社会中各个社会成员的利益。公共利益的实现，是要保证社会中各个集团利益都能得到满足和尊重。但对于城市中个体利益的保护也不是盲从的一味维护，而是在一个科学的框架内进行，避免在保护个人利益的过程中产生侵害公共利益的负面效果。另外，对于服从于公共利益的政府权力和服从于个体利益的人权都应该制约和鼓励，以规避权力越界被滥用的情况发生。针对上述问题，我国在相关法案的制定和修改中，也都强化了公共利益和个体利益在法律层面的重要性，二者是统一、平等的，都在合理的法律框架内受到保护。

各个利益集团之间的相互商讨、合作构成了规划得益公共还原能够发挥作用的基础构架。所以针对不同的利益集团，可以通过法律手段赋予其不同的权力和职能，同时也对其进行法律制度层面的权力限制和约束。不同的利益集团在利益分配过程中享有平等的地位，在具体制度设定时要体现不同利益集团的主要权力和义务。各个利益集团都有为自身争取利益、进行辩论、交易等的权利，也要遵从对自身的行为约束，避免权力滥用对其他利益团体造成侵害。

6.3.3 南宁“水城”建设规划得益公共还原

对于南宁“水城”建设公共还原的讨论集中在其针对公共空间的复苏和经济利益的再分配问题上，公共空间的复苏要充分考虑到居民的行为习惯、整体喜好，不能形而上学地设计和规划[23]，就如同“路是人走出来的”道理一样——“公共空间是通过人的活动自发产生的”。另外，南宁“水城”建设为这个城市带来发展的契机，使得这片土地放在任何一个城市里，都将成为房地产开发商们垂涎的地块。所产生的效益增值的再分配也不能简单对待。

（1）公共空间的复苏

① 南宁水城公共空间的现状评析

荣获1997年“中国园林城市”称号的城市并不多，这个殊荣足以证明南宁城市绿化水平非常高。2007年南宁市人均公共绿地水平达到10.86平方米、建成区绿化覆盖率达到39.86%［数据来源：《南宁市城市总体规划（2008～2020）》］。在南宁城市内部，安宁静谧的林荫道、丰富的绿地空间一度受到城市居民的青睐。但绿地的大小不一、分布不均以及形式手法偏重等问题都在城市发展过程中日趋明显。

与2005年相比，南宁市人均拥有道路面积减少了0.49平方米，但仍旧高于国家人居环境评价标准。南宁城市的道路密度能够为城市提供一个良好的交通空间，但稍显不足的是公共活动空间内的步行系统却呈现一个缩水的趋势。对机动车交通需求的满足，直接侵犯了大量的步行空间。停车位的占用等问题严重扰乱了街道的公共生活。

从数量上看，南宁公共活动广场等数量庞大、规模可观的广场空间。但这些广场的面积之巨大，却失去了亲和力。主要表现在每个广场的使用率都较低。中小型广场空间的缺乏，让看似具有一定规模的广场系统缺乏人气和活力。

② 南宁公共空间的失落

导致南宁城市公共空间的遗失主要有以下几个原因：① 城市公共空间各个要素系统性的缺失使其视线通廊和交通通达性都不连贯；② 城市公共空间便民性的缺失使一些难以接近和不易使用的空间鲜有人至；③ 城市公共空间的多样性缺失使重要空间功能单一，甚至被其他功能侵占。造成以上种种问题的原因体现在：首先，城市发展过程中没有很好地强化广西地域特色导致公共空间在认知度上偏低；其次，公共空间分布的系统性缺失也影响了城市公共空间的使用频率；另外，无序蔓延式的建设对城市公共空间品质造成破坏。

③ 复苏南宁公共空间

经过上述分析和总结，推演未来南宁城市发展的态势，认为要复苏南宁城市的公共空间要达到以下几个目标：充分发挥南宁“绿城”、“水城”的优势，彰显城市个性。并且，注重少数民族文化的继承和发扬，强化优势，营造一个个性鲜明、文化底蕴丰富的城市公共空间系统；规整散乱的城市空间，指导城市形成一个主次有序的公共空间系统。应该对城市公共空间加以分类、筛选，达到均衡配置，从而营造一个健康有活力的城市公共生活环境；注重城市生活，发掘具有城市生活功能的公共空间。发扬“宜居”品牌的理念，用健康有序的公共空间引导创造健康和谐的社会生活；高标准的对待城市建设进程，不断提升公共空间的层次。

④ 南宁公共空间还原策略

优化整个古城区的空间格局，适当添加古城区内部公共空间面积。针对古城区公共空间严重缺乏、并且可置换用地匮乏的问题，可以小范围开辟小型的商场、广场、面积不大的街头绿地和公共绿地，将这些点经过系统的规划设计成一个流畅的整体，可以在不侵占旧城区原用地的基础上，还原一部分公共空间。对于古城区一些破败的空间也可以进行翻新和改造，同样可以赋予其新的活力。

我们不断地强调城市的历史文脉，这一点也要体现在城市公共空间的还原上。对于传承了历史意义和特定场所的地区应该实行维育和开放结合的方式；对于新建的城市公共空间应该注重周边历史地段的风貌延续和元素应用。南宁市历史街区主要集中在朝阳路、民族大道西延线、解放路、新华街以及华强路南段（至朝阳溪）这一范围内。对于这部分公共空间的营造，要注重其周边整体环境的维护。具有城市特色的公共空间才具有标识性，为城市居民所喜爱。

城市公共空间不能缺少人的活动，所以在公共空间的还原上，也应该注重市民的参与性。水城“建设”本身就有立足于“还水于民”的契机，所以水城“建设”应该将滨水空间与城市公共空间的设计协同考虑，营造出参与度高的城市滨水公共空间。水元素激发着市民的亲水性，必然会提高公共空间的市民参与度。人气带来商机，从而带动滨水用地和周边地块的发展。

总之，南宁城市未来发展的目标是面向国际，成为中国标志性的“水城”，所以南宁“水城”公共空间的还原应该被加以重视。一个完善的、极具特色的、人性化的公共空间系统可以跟南宁城市的环境优势相辅相成[24]。

(2) 经济利益的公共还原

城市规划行为之所以得到社会的支持和信任，以及其权威性的体现，都是因为规划行为事实上都是在想方设法地平衡公共利益和经济利益的关系，将经济利益的公共还原作为目标和价值观，才使城市规划得到民众得信任和理解。不论东西方国家，不同的经济社会背景下，唯一不变伴随着城市规划的就是开发利益的公共还原主旨，这个目标始终对规划决策造成影响。

经济利益的公共还原是政府较好地调节市场经济规律下土地使用成本与利益分配要求的体现，它实际上需要完善的规范和制度支撑才能够实现。这种对社会公平性的追逐，迫切需要我们有一个相对于市场机制不同的建设控制机制。如果缺少这一个要素，规划行为带来的经济利益公共还原的理想很难实现，这可以从日本相关案例中得到证实[25]。

所以当水城“建设”、水网规划为城市增添了很多沿岸用地，激发了开发商投资的热情，并带来可观的经济利益时，这个新增的经济利益究竟如何分配？一般来讲，在公平标准下，税赋在社会个体中间得到平均分担；反之则部分个体应该超负荷分担税赋时可以得到公共补偿。那么换位思考，当个体取得额外的经济利益是，从这个公平标准角度出发，也应该将额外部分均分补偿给公众[26]。所以，从公平合理承担“水城”建设开发成本的视角出发，将城市沿岸用地开发所得的利益回馈给公众，实现公共还原是可能实现的、公平正义的做法。

规划得益的公共还原的方法主要有三种：课税、征费和规划管理的方法[28]。各自方法都有不同的情况和特点，其中课税和征费是公共还原最常用的方法，但是实际实行过程也有不少问题，规划得益的公共还原不能单纯依靠这两种方法，因此，为了完善还原制度，许多国家采用了规划管理的方法来进行还原，并取得了良好的效果[27]。规划得益公共还原的收益使用有两种倾向性，一种是将收益全部归于国有或地方政府统一支配，进行公共产品的再投入；另一种是将该还原收益全部归于规划得益社区，进行公共产品的再投入。这两种方法各有侧重，具体应用时要根据实际情况进行选取，很多时候都是采用两者结合的方式。

而这部分规划行为产生的利益在使用上存在两种去向。首先一种去向是城市政府部门，所得收益回归到地方政府，由政府统一进行分配，投入到城市公共事业当中；另外一种去向是对象片区，也就是“谁产出，谁受益”，这部分收益也循环投入到再建设当中。这两种对于收益的使用方法谈不上哪种更好，但如果单纯采用一种方法，就会失去另一种方法对于这部分收益分配的制衡，矛盾也会随之产生。所以两种方法应该根据分配时的具体情况进行选取，将两种方法结合起来是比较周全的做法。当大部分规划得益还原到对象片区，而其余部分由政府协调支配时，可以保证土地本身的良性运作以及政府对于其他公共需求的资金扶助。

6.4 公共利益导向下滨水地区调整策略

随规划行为产生的利益来自于规划实施过程中政府对市政基础设施、公共服务设施的投资建设以及良性的政策影响，更来自于全体社会成员为城市发展所做出的努力和贡献，因此这部分收益应归于全社会所有。让这部分利益白白流失在少数的企业等个体得益者身上的分配方式显然是不公平的，所以必须探寻一种针对我国土地增值效益公平合理回收的再分配方式。

6.4.1 公共利益导向下再分配的原则与手段

从公共利益导向出发，再分配的原则应该遵从对大部分人有利这一点。规划中，要实现保护公共利益的目标，就需要针对不同用地制定符合大多数人需求的规划，这就要求在实行规划过程中，整体分析用地使用特点、参考地区文化特色，用适当的规划手段来进行。而对于土地利用效益增值的再分配原则，则要从经济角度入手。地租原理中，拥有国有土地所有权的一方优先取得利益分配，同时注重公平与效率，排除国有土地的增值收益归国家所有的情况外，如果出现在个体土地经营者和国有土地使用者之间需要分配利益的情况，就按照“谁投资，谁收益”的原则来进行[14]。更加细微的原则可以体现在保证城市空间的公共开放性和保证城市交通的顺畅；保障地区居民的公共利益等方面。

6.4.2 公共利益导向下用地调整要素

(1) 保证空间场所公共利益的要素

在南宁“水城”开发建设过程中，经历了整个规划环节和实际施工阶段。在这阶段中土地使用者、土地所有者以及地方政府三方面利益团体参与其中。政府代表公共利益的地位，监督控制着城市建设，避免违规行为的出现，这个集团由地区发展管理委员会和市政府组成，从广大市民的利益角度出发，为其谋取一个良好的、城市空间资源得到开发的环境。政府利益集团中，有些相关单位通过非营利性质的城市建设为城市居民谋福祉，这些包括市政设施、低保性住房、小公园绿地等都是借助于政府财政划拨手段投资建设，并且不求回报地为城市居民提供生活便利。

市场经济规律和规划行为相互影响作用才能汇聚成空间资源价值，而空间资源价值的实现与否与控制性详细规划要素指标的选取和制定紧密相关。所以，充分理解空间资源价值实现的影响、根源、可能性，是控规制定过程中应该首要分析把握的问题。

规划控制要素和方法可以从城市完整的空间结构角度入手，世界上现行的规划体系中，这一点有很多成功的体现。结合美国新城市主义控规体系、英国空间管制条例、香港地区规划控制条例的成熟经验，要实现南宁“水城”在空间场所上公共利益得到体现的目的，拟定一个针对城市完整空间结构、合理把握开发强度的控制性详细规划要素体系，可以从下面几个角度进行思考。

① 从用地功能角度出发的空间场所控制

从用地功能角度出发，覆盖整体规划范围、因地制宜的用地功能控制方式，能够帮助减少区域内部环境、交通的问题。这种控制方法适用于受开发度和建筑实体影响冲击较大的地区。在南宁“水城”沿岸用地规划调整中，居住用地、工业用地和公共服务设施用地占据着很大的比重。所以从功能角度出发的控制主要针对居住功能、公共服务功能和工业性质用地开发度都偏高、人口相对集中的三个类别。其实，这三个功能用地基本就覆盖了城市用地的全部功能，它们开发控制是否得当，关系到城市空间形态、整体开发强度控制是否合理。另外一小部分的用地功能，即城市道路、城市绿化和市政设施功能用地也是非常重要的方面，它们需要联合完整的控制体系，遵照其中的要求和规定，可以完善整个地区内景观体系的完整性。

② 从用地选址出发的空间场所控制

南宁“水城”沿岸用地在实际使用中需要考虑用地是否有很好的通达性这个问题，一个地块是否能够与城市居民畅通无阻地进行沟通和联系，关系到公共利益能否得到保障。从用地选址角度出发，用地通达性对土地开发控制也有显著的影响。

用简单的图示说明（图6-3），例如一块用地范围内部有甲、乙、丙三块用地。从图中可以看出，甲用地邻近一条城市主干道和

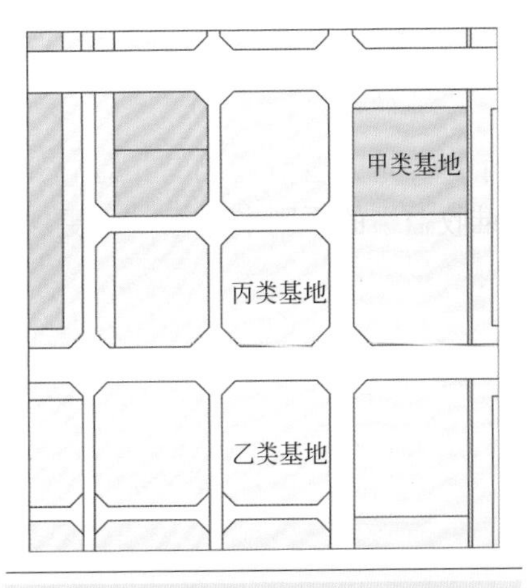

图6-3　从选址角度出发的场所控制示意

两条支路；乙用地邻近两条城市主干道和三条支路；丙用地邻近四条城市支路。于是，根据选址和通达性的需求，如果在甲、乙、丙三块用地中规划居住区，在其他影响因素不变的条件下，则通达性最高的丙用地应该是在三者中具有最高容积率控制的对象，以此类推，乙地块容积率也将高于甲地块的容积率。

以上针对居住区举例证实的对容积率的控制也部分应验其他功能用地。当用地范围内建筑层数在12层以下时，对容积率的控制不会产生很大影响；但当建筑层数高于12层时，地块的容积率控制也同住宅用地一样，受到选址、可达性的影响，通达性较好的地区，容积率控制会相对提高，这是因为畅通的交通环境增强了地块的使用频率，有利于土地的集约利用（图6-4）。

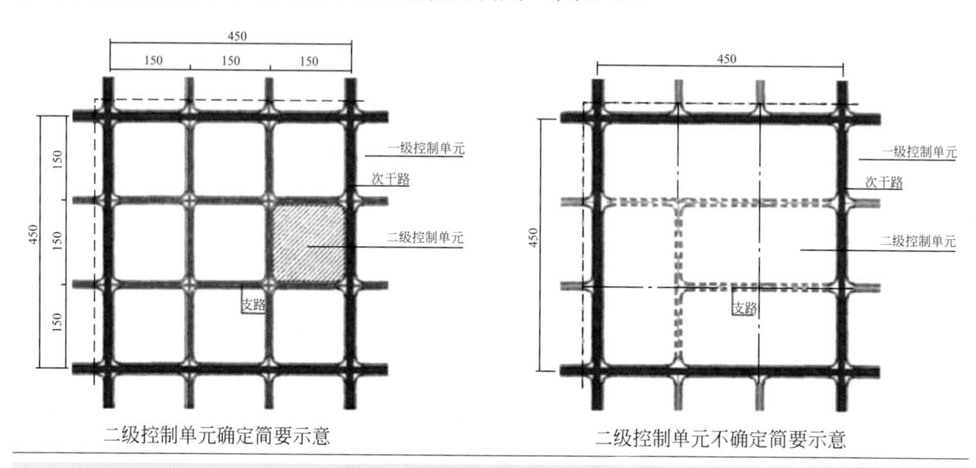

图6-4　从单位尺度出发的场所控制

③ 从用建筑高度出发的空间场所控制

在控制性详细规划中，建筑高度要素是一个关系到城市整体空间形态的重点，它的规划设计可以营造出城市良好的天际轮廓线，是在竖向上对城市空间形态的把握（表6-2）。不同于建筑排布密度在平面构成上的图底关系，加入建筑高

表6-2　从建筑高度角度出发的场所控制

建筑形态 / 控制指标			
容积率	1.2	1.2	1.2
建筑类型	点式高层	板式多层	一层平房
建筑密度	10%	17%	33%
户数	36	36	24
户均面积	70平方米	70平方米	105平方米
建筑层数	12	3	1

度控制这个要素，城市空间上的肌理才能完整的得到体现。在上文的理论研究中，我们可以知道容积率是建筑密度与建筑层高共同作用产生的，对于容积率的控制以及城市空间场所的控制不能忽视了建筑高度这个要素[29]。

④ 从单位尺度出发的空间场所控制

本文中所谓的单位尺度类似于建筑设计当中的模数制，为地块划定一些固定尺度的单元，作为划分用地标尺（图6-4）。控制性详细规划在针对具体用地划分用地单元时，大部分默认的做法是以地块内不同等级的道路、自然河流划分下一级别的控制单元，这些单元的分解和组合也对城市空间场所造成影响[29]。

上文简单阐述了几个重要控制要素对空间场所的影响，归纳总结加入其他控规要素，能够有效引导城市公共空间资源的公共还原、与公共利益导向的实现最为贴切的要素主要包括：用地功能和土地使用兼容性，这个要素是最常见最有效的体现公共利益的关键；公共服务设施和市政基础设施，包括办公用地、学校用地、医院用地的控制；建筑密度、绿化率、容积率、道路密度，这些要素在《城市规划编制办法》中都得到强调和重视；建筑高度、地块出入口位置、日照间距、建筑红线等，这些要素对城市整体空间形象、使用感受有最直接的影响，是对设计最直接的表达。

（2）保证经济效益公共还原的要点

城市规划行为是协调公共利益与市场经济的有效手段，可以规避政府干预程度把握不当引致经济环境失衡的问题，也可以通过规划手段影响微观经济向公共利益方靠拢。上文中阐述了参与规划过程的土地使用者、土地所有者和政府三个利益集团，其中政府与土地使用者之间不构成直接的经济利益关系，只有通过土地所有者这个中间人才能达到利益交互的目的。保证规划行为中产生的利益增值的公共还原，是这个微观经济行为中需要注意的问题。

① 从行为主体角度出发实现公共还原

政府与土地所有者、土地所有者与土地使用者、土地使用者与政府三种结构组成了规划过程中、土地经营中的行为主体。这其中，政府与土地所有者之间，主要是政府在公共利益导向下，由对控规中一些要素的把握来对土地市场开发进行控制，这个结构中所需要注重的要素是保证规划得益公共还原的核心。这部分要素既辅助政府维护了公共利益，达到了公共还原的核心目的，又限制了政府对市场经济行为的过分干预。土地所有者与土地使用者之间，主要是通过规划控制要素达到一些微观建设使用上的指导和建议作用，这个指导带有一定的弹性，并非死板的指标控制，在这个阶段，需要政府强化一些与公共利益相关的要素。土地使用者与政府之间，主要体现在使用者对土地使用过程中感受的反馈、意见的提出以及控规要素作用下税收的缴纳，这部分结构在一定程度上检验控规制定合理与否，成为控规调整可能性的依据[30]。

② 从指导功能分类出发实现公共还原

城市规划实现了空间资源的利用和配置，而在空间资源利用和配置过程中产生的价值要通过市场经济行为才能够得到体现[31]。根据规划行为带来的价值量、相关度的大小，可以将有影响的控制要素分为分配与转让两个类型。对于指导价值分配，是指城市规划划分了城市空间资源，分批分类地让土地能够有依据的进入经济领域；对于指导价值转让，是指对于划分过后的城市空间资源经由经济领域的运作实现建设开发，进而转移到土地使用者手中。综上可以分析，将控制性详细规划中的要素按照不同经济行为中发挥的作用不同进行分类，可以辨识出与城市公共利益关系紧密、需要受到关注与重视、并需要受到市场经济规律的保护的要素[32]。

6.4.3 技术文件层面规划控制要素的制定

规划控制要素在一个更加系统化、整体化的引导下，才能够将规划控制的要点突出出来，明晰土地开发过程中的重点指标控制。这样的规划要素系统才能够适应南宁“水城”规划建设时期的规划需求。通过前文分析讨论以及对南宁“水城”用地的整体把握，可以有针对性地从宏观、中观两个层面把握技术文件方面的规划控制要素。这两个层面的组合考虑，可以凸显公共利益导向下分配的核心地位，并最大限度地实现公共利益与经济环境的相融合，中观和宏观层面控制要素如图6-5所示。

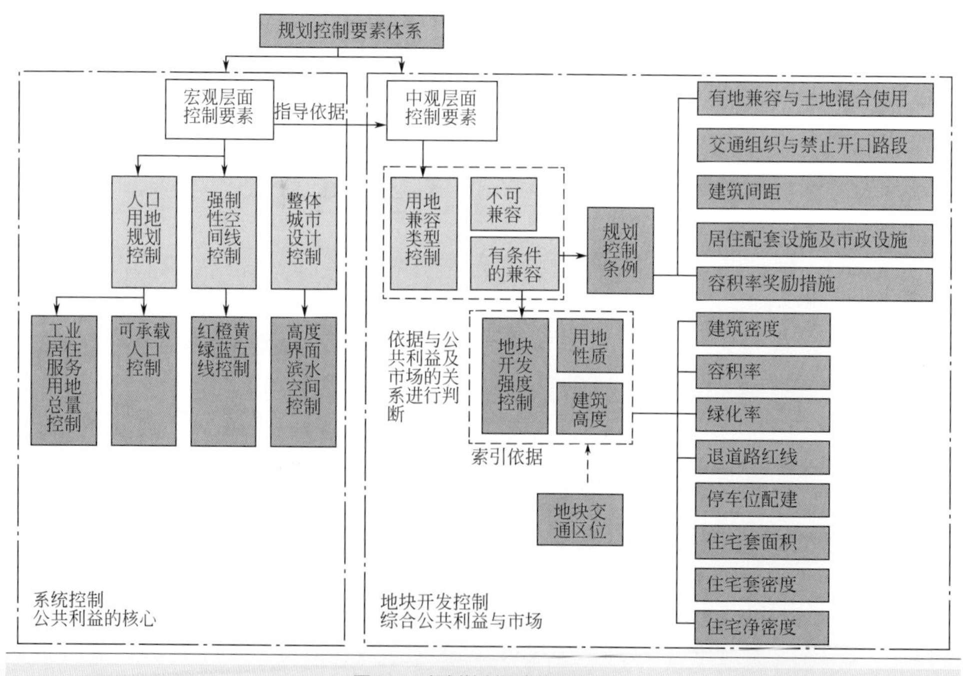

图6-5 规划控制要素体系梳理

（1）宏观层面的规划控制要素及控制方法

宏观层面的规划具体要素控制要遵从上位规划的引导，从较为宏观的视角掌握住整个城市规划的整体系统，其中要重视对体现公共利益一些要素的保护。从前文可以看出，在南宁“水城”建设过程当中，要达到沿岸用地规划与公共利益导向的思路相契合的目的，就要重视用地功能、空间控制线、人口数量等一些在总规层面的内容[33]。将这些要素带入到宏观层面去分析是通过具体指标体系实现公共利益导向的必要步骤。在南宁“水城”沿岸用地规划调整过程中，需要重视滨水空间的营造、街道立面的完整性以及建筑高度的分配控制。

① 滨水空间的营造

南宁“水城”的特色景观应该产生在滨水空间环境中，丰富的水系资源为这个目标的实现提供了发展空间和可能性。要达到为城市居民营造一个景色优美、宜人的滨水公共空间可以通过控制开放空间尺度、滨水公共空间面积比例、水面宽度等要素来实现。

② 街道立面的完整性

从宏观的角度看，在南宁“水城”规划中，建筑与街道的关系关乎城市整体形态。设计中要注重公共服务设施等用地的街道宽度与建筑立面的协调关系。可以结合南宁城市的文化地域特色加以强调。

③ 建筑高度

对于建筑高度控制的疏忽会导致城市空间肌理的苍白无趣，这一点在前文中也有提出。建筑高度的设计控制是改变城市竖向形态的重要措施。尤其是对于景观性、游赏性很强的南宁“水城”来说，对于天际轮廓线的要求更加严格。建筑限高的控制要综合城市空间肌理的需求、开发强度、人口数量等很多方面因素来考虑。

从以上三个方面可以大致宏观地把握整个南宁城市空间的形态，除此之外，一些城市为了彰显地域特色的性格，在城市色彩的选择上也有宏观把握，例如苏州的“粉墙黛瓦”，南宁“水城”也可以结合城市自身民族特色和历史文化，通过一些色彩的宏观控制营造一个更具有标识性、特色鲜明的城市环境。

（2）中观层面的规划控制要素及控制方法

宏观层面的控制引导直接作用于中观层面的控规要素体系，由于这一层面的规划对象存在很多的弹性，受到很多方面因素的影响，所以这个层面的控制规划往往最难得以实现。因而要在维护公共利益的前提下，应对灵活多变的经济环境也是这个层面规划控制要素系统面临的难题。

为了保证南宁“水城”空间结构和开发度得到合理把握，中观层面以尝试的态度给出控制性详细规划采取的部分控制要素指标；划定出适于作为兼容性用地的土地功能；对于若干项技术层面的准则性内容也给出了意见和建议。

① 用地功能的划分

用地功能的划分是控制性详细规划进行的先导，在通过对南宁“水城”上位规划用地性质的分析解读后，认为南宁城市用地可以根据用地功能的不同分为不可兼容用地和可兼容用地两个种类。划定城市用地时，可以参考控规中四线的设置。

可兼容性用地的划定为土地利用带来了灵活变通的弹性，强调了土地集约合理配置的理念，更能够在经济环境中适应市场的要求。这类用地主要包括部分居住用地、商业金融用地、工业仓储用地等类型。划分用地时，要区分和保护刚性控制的建设用地，例如公共服务设施用地，低保障住宅用地，公共绿地与广场、水系用地，市政设施用地等。从上文分析可以知道，这些用地属于政府财政行为拨款营建的，不具有盈利性质，而且很大强度上体现城市公共利益的导向。

② 规划控制建议

对于规划控制的建议是对所有土地建设开发的一个笼统规定，这个建议性的规定在一定程度上可以简化复杂的控制性详细规划指标体系，平衡用地之间指标的差距。建议主要针对居住配套设施、市政配套设施、出入口方位的选定、开发控制、土地兼容性使用控制、奖励条款等几个方面（表6-3）。

表6-3 规划控制建议

类别	内容
混合用地性质	用地分为不允许混合用地以及可混合用地；可混合用地不允许改变原有规定的地块建筑限高及容积率，但可以混合用地性质
规划控制	地块开发控制依照原有指标，建筑日照间距计算方法依照具体地方规定
交通布局	道路交叉口50米（包括主-主干道交叉口、主-次干道交叉口），一般道路交叉口30米范围内禁止设置建筑物出入口；对于两条以上不同等级道路相邻的建设地块，机动车出入口必须设置在较低等级的道路上
居住区配套服务	用地性质为R22的用地是居住区级公共服务设施用地，位置与规模不允许改变；用地性质代码至种类的居住用地按照小区标准配建共建设施，标注至小类的居住用地按组团标准配建公共设施；各级配建的公共服务设施不计入容积率，用地规模不得超过规定上限
市政设施设置	按照地方标准在地块内配建开关站等；雨洪利用方式采用建设蓄水池、透水地面、水泵连通的方式，用地范围内部（不含城市干道）应达到两年一遇暴雨强度的雨水排放标准
鼓励政策	公共建筑提供地面以上1～2层的公共开放空间，建筑面积按照所提供的公共空间面积的1.5倍给予奖励，可以相应提高容积率、建筑密度或建筑高度。高度不允许超过所在地块高度上限的20%；公共建筑以及住宅小区提高绿地率等同于提供公共开放空间，奖励方法同上述；公共建筑以及住宅建筑实施垂直绿化和屋顶绿化方式，可以按照0.25的折减系数算成绿地面积，与基地地面高差在1.5米以下的屋面绿地折减系数为1

a.居住配套设施。在城市生活中，居住是四大功能之首。但我国目前在城市居住区开发中，任由经济环境的推波逐流，在还不完善成熟的阶段就步入了市场

化的道路。这种不成熟不完善主要体现在居住区内配套服务设施的匮乏上。居民与开发商很大一部分矛盾也来源于这个问题。所以从根源上解决这个矛盾，需要城市管理者和土地开发商共同努力，分析出在居住区内公共空间和个体空间存在的区别，并划分责任区间。针对南宁城市中居住配套设施的建议是总体遵照《居住区规划设计规范》，将居住配套设施根据服务半径的大小划分为居住区级、小区级以及组团级三个层次，政府负责宏观把握各个层级的服务设施规模，开发商要根据规定给予配置。

b.市政配套设施。城市市政配套设施要同时满足上位规划的宏观把握和具体用地的实际需求两个方面。在配置过程中，要注意节约用地，规避市政设施单独占地的情况出现。针对南宁城市水网众多，雨季绵长的特点，要着重对给排水设施进行设计。

c.出入口方位的选定。出入口方位的控制关系到用地的使用效率以及出行安全。为保障南宁市土地利用的高效和出行的安全，建议在地块划分较为细密、道路级别较低的相邻地块中，出入口长度在30 ～ 50米为宜；在地块面积较大、道路等级相对高的相邻地块中，出入口长度选取在70米为宜。

d.土地开发控制。土地的开发控制是针对实际建设行为的控制，可以通过具体的控制指标得到指导。值得一提的是对于日照间距的控制，我们都知道不同的地理位置不同的城市应该有适合自身城市使用的日照间距系数。经过资料查证和分析，南宁地处北纬22°49′ 的位置上，适宜的日照间距系数是1.0。

e.土地兼容性使用控制。市场经济环境下，土地的开发建设有太多的可能性，在不同的历史时期还会有不同的需求。土地兼容性使用控制是一种灵活的集约利用土地的手段，可以强化城市空间的生命力。每块用地都具决定其能否兼容的兼容度，这个数值可以控制用地内可兼容用地的面积比率（表6-4）。土地兼容性使用可以规避地块功能单一而产生与城市生活脱节的问题。对于南宁城市土地兼容性的使用也在图表中给出了一些建议，主要是通过用地分类和性质进行划分。

f.奖励条款。作为一种鼓励的政策，一些奖励条款的设定可以辅助规划行为实现其初衷。在维护公共利益的过程中，用激励的手法代替一些硬性规定会使效果事半功倍。所以，建议南宁城市在建设一些与公共利益、公共空间密切相关的行为中，提供一些奖励措施，带动开发商和土地使用者共同营造一个高品质的公共空间环境。

③ 技术层面的准则性内容的控制

技术层面的准则性内容主要选择影响力较大的几个控制要素，主要包括开发强度、建筑层高、容积率、道路红线设定、住宅户均面积以及停车位配备几个方面。

a.开发强度。开发强度的控制要接受上位规划的引导，再加以调整。调整的根据可以是地块选址、交通可达性。同时开发强度的控制也不能忽视相应的国家规范。

表6-4　土地兼容性使用控制

<table>
<tr><td colspan="4">可混合用地控制表</td><td colspan="5">E：用地性质不可混合　　H：建筑限高　　X：混合度</td></tr>
<tr><td colspan="2" rowspan="2">可混合用地 / 用地性质</td><td colspan="2">R2</td><td>C1</td><td colspan="4">C2</td></tr>
<tr><td>R21</td><td>R21（高）</td><td>C12</td><td>C21</td><td>C22</td><td>C24</td><td>C25</td></tr>
<tr><td rowspan="2">R2</td><td rowspan="2">R21</td><td rowspan="2">H：37～50米
X：50%</td><td rowspan="2">—</td><td rowspan="2">H：19～35米
X：20%
H：37～50米
X：50%</td><td rowspan="2">H：12～18米
X：20%
H：19～35米
X：30%</td><td>H：12～18米
X：20%
H：19～35米
X：30%</td><td>H：12～18米
X：20%
H：19～35米
X：30%</td><td>H：12～18米
X：20%
H：19～35米
X：30%</td></tr>
<tr><td>H：37～50米
X：50%</td><td>H：37～50米
X：50%</td><td>H：37～50米
X：50%</td></tr>
<tr><td>C1</td><td>C12</td><td>E</td><td>E</td><td>—</td><td>H：37～50米
X：100%</td><td>H：37～50米
X：100%</td><td>E</td><td>H：37～50米
X：100%</td></tr>
<tr><td rowspan="5">C2</td><td rowspan="2">C21</td><td rowspan="2">E</td><td rowspan="2">H：19～35米
X：30%</td><td>H：19～35米
X：30%</td><td rowspan="2">—</td><td>H：19～35米
X：30%</td><td>H：19～35米
X：30%</td><td>H：19～35米
X：30%</td></tr>
<tr><td>H：37～50米
X：100%</td><td>H：37～50米
X：100%</td><td>H：37～50米
X：100%</td><td>H：37～50米
X：100%</td></tr>
<tr><td>C22</td><td>E</td><td>E</td><td>X：100%</td><td>X：100%</td><td>—</td><td>E</td><td>X：100%</td></tr>
<tr><td>C24</td><td>E</td><td>H：19～35米
X：30%</td><td>X：100%</td><td>X：100%</td><td>X：100%</td><td>—</td><td>X：100%</td></tr>
<tr><td>C25</td><td>E</td><td>E</td><td>X：100%</td><td>X：100%</td><td>X：100%</td><td>X：100%</td><td>—</td></tr>
</table>

b.建筑层高。对于建筑层高的讨论，在前文中已有叙述。在技术层面，相同高度的建筑对室外公共活动空间的需求可以用不同的建筑功能加以区分。居住类建筑对于室外公共空间活动场所的要求就比相同层数的公共类建筑高。建筑高度可以营造特殊的空间气氛，在结合开发强度的同时，可以通过制作模型来感受建筑层高是否符合城市整体空间肌理的延续。

c.容积率。容积率与开发强度密切相关，是衡量土地利用效率的标尺。容积率要根据地块的选址、相邻用地的使用情况以及建筑密度和建筑高度几个因素共同确定。

d.道路红线设定。道路红线数值的设定要根据道路级别、道路绿化情况来综合考虑。在存在绿化隔离带的道路两侧不需要对道路红线加以设定，只需服从已有的绿线控制；在车行功能较强的城市道路两侧，道路红线的设定应该较小；在步行功能较强的城市道路两侧，道路红线设定的数值应该偏大。

e.住宅户均面积。充分考虑城市不同群体居住的需求，在居住种类的设计上，应该考虑三种住宅类型，即成套住宅、公寓式住宅以及低保障住宅。成套住宅可以根据相关法规，户均面积设定为90～120平方米，主要为城市居民提供家庭生活的场所；公寓式住宅主要担负对外招租的功能，户均面积在30～50平方米；低保障住宅为了解决城市低收入群体无家可归的问题，缓和社会矛盾，户均面积在20平方米左右为宜。

f.停车位配备。在城市发展过程中，私家车的日趋增多给城市停车位的配置带来了巨大的压力。在规划开发当中，应该时刻限制私家车的大量涌入而鼓励公共交通的使用。在居住用地停车位配备上，都应该采用低标准，避免用地浪费。公共建筑停车位的配备应该较之居住用地偏高，具体可以参照相关规范结合城市具体情况而定。

6.4.4 小结

本章内容目的是想探求一种具有针对性的，能够适应南宁城市的规划调整策略。上文只是作者对一些实施过程的预测和建议性的讨论。在实际项目中，究竟上述调整策略是否适合南宁城市发展建设，还需要用实践的真理还检验。但单从公共利益导向这个视角看，笔者认为，规划调整和利益的再分配可以保护公共利益的想法应该得到肯定，只有在这个思路的引导下，城市规划行为才能体现出其公共政策这个特质。

在技术文件层面的控制要素级控制方法研究中，要协同看待经济环境与公共利益的作用。文章通过对筛选出的一些控制要素进行探讨，想从中发掘出体现公共利益导向的内容。但由于研究能力存在不足，只能从几个简单侧面进行讨论，希望能起到抛砖引玉的作用。

参考文献

[1] 韦初省等. 整治南宁市西部可利江的可行性[J]. 广西城镇建设，2005，3（11）：39-40.
[2] 中华人民共和国宪法.
[3] 杨忠伟等. 城市公共利益与工业园区规划方法探索——以上饶市高新区控制性详细规划为例[J]. 苏州科技学院学报（工程技术版），2006，19（3）：54-58.
[4] 夏芳晨. 城市公共资源运营体制存在的问题及创新思路[J]. 东岳论丛，2011，32（6）：177-179.
[5] 我国宪法上“公共利益”的界定. http：//www.studa.net/guojiafa/060923/0853543.html.
[6] 高健. 论我国城市基础建设投资中的政府利益，四川社会科学在线.
[7] 伍敏. 公共利益及市场经济规律对我国规划控制要素的影响研究——以曹妃甸新建海港工业区控制性详细规划为例[D]. 中国城市规划设计研究院，2008.
[8] 冯俊. 论城市规划中的公权制衡及私权保护[J]. 建筑学报，2004，41（4）：74-75.
[9] 薛忠燕. 基于政府视角下的控规修改——以北京中心城控规动态维护项目论证为例[c]// 中国城市规划年会论文集，2008.
[10] 贾豆豆. 影响北京控规调整的要素研究[D]. 北京建筑工程学院，2010.
[11] 李凌岚等. 轨道交通站点周边用地规划调整的技术方法——以苏州市为例[J]. 城市交通，2007，5（1）：30-36.
[12] 田莉. 从国际经验看城市土地增值收益管理[J]. 国外城市规划，2004，19（6）：8-13.
[13] 杜新波，孙习平. 城市土地增值原理与收益分配分析[J]. 中国房地产，2003，24（8）：38-41.
[14] 黄俊南. 城市土地增值及其收益分配研究[D]. 西安：西安建筑科技大学，2004.
[15] 赵琳. 城市土地开发增值收益分配的创新研究[D]. 上海：同济大学，2006.
[16] 李庆哲. 城市河流景观评价研究——以伊通河长春市段为例[D]. 东北师范大学，2010
[17] 陈光. 城市轨道交通沿线土地增值的利益分配研究[J]. 都市快轨交通，2005，18（4）：76-78.
[18] 杨保军. 城市公共空间的失落与新生[J]. 城市规划学刊，2006，26（11）：8-10.
[19] 何子张. 空间研究——城市规划中空间利益的政策分析[M]. 南京：东南大学出版社，2009.

[20] 任平. 空间的正义——当代中国可持续城市化的基本走向[J]. 城市发展研究，2006，23（5）：1-4.
[21] 赵民，吴志城. 关于物权法与土地制度及城市规划的若干讨论[J]. 城市规划学刊，2005（3）.
[22] 何子张. 城市规划中空间利益调控的政策分析[D]. 南京：东南大学，2008.
[23] 梅峥嵘.“更芯 · 链接 · 补网”——旧城公共空间更新模式研究[D]. 济南：山东建筑大学，2008.
[24] 卢一沙. 南宁城市公共空间系统规划建设的问题与策略[J]. 广西城镇建设，2010，8（8）：30-33.
[25] 王郁. 开发利益公共还原理论与制度实践的发展——基于美英日三国城市规划管理制度的比较研究[J]. 城市规划学刊，2008，52（6）：40-45.
[26] 徐健. 公共负担平等论说的新发展——开发利益的公共还原导论[J]. 社会科学研究，2007，29（5）：30-34.
[27] 田莉. 从国际经验看城市土地增值收益管理[J]. 国外城市规划，2004，19（6）：8-13.
[28] 张俊. 英国的规划得益制度及其借鉴[J]. 城市规划，2005，29（3）：49-54.
[29] 赵燕菁. 从计划到市场：城市微观道路. 用地模式的转变[J]. 城市规划，2002，26（10）：24-30.
[30] 高军，裴春光等. 强制性要素对城市规划的影响机制研究[J]. 城市规划，2007，31（1）：57-62.
[31] 于一丁等. 探索控制性详细规划的新方法[J]. 城市规划，2006，30（2）：89-92.
[32] 静霞. 市场经济条件下城市规划的任务[J]. 城市规划，2002，26（6）：14-15.
[33] 柳健. 控制性详细规划中的城市设计方法研究[D]. 重庆：重庆大学，2006.

后　记

城市的低碳、生态化规划建设，是建设生态文明的重要内容。南宁以其独特的地理环境和城市规划建设的卓著成就，展现了从“绿城”、“水城”步入“生态网络城市”的良好发展态势，践行着低碳南宁的生态文明建设历程。南宁实践中有两个特点：一是先底后图，生态优先，城市建设用地的发展融于自然生态网络中，形成独特的生态可持续的城市结构形态；二是“水城”项目的推进，必然引起沿水网空间土地使用性质的改变和局部城市功能布局的变化，在水城项目激励下或将产生南宁市内旅游产品的更新。

这些问题引起了我们团队的高度关注。这是一个科研与项目实践高度融合的团队，负责人黄耀志教授是江苏省高校优势学科建设工程“城乡规划学”的学科带头人（苏州科技学院），主要研究骨干刘晶晶先生（南京城理人城市规划设计有限公司总经理）与黄际恒先生（南京城理人城市规划设计有限公司广西分公司总经理）具有丰富的项目实践经验，优势互补使我们在科研生产中获益匪浅。为了寻找答案，我们选定了4个课题进行深入研究：① 水城项目对南宁市生态网络形成与空间拓展的影响；② 公共利益导向下水城沿岸用地调整策略；③ 南宁水城项目新滨水空间规划设计的特点与方法；④ 南宁水城项目引致的新的旅游开发策略。历时3年有余，完成与本课题相关的硕士学位论文4篇，发表学术论文10余篇。本项目获得“江苏省高校优势学科建设工程”（城乡规划学）以及“国家自然科学基金项目（51208330）”的资助。将这些研究成果汇集成册，是想告诉对此感兴趣的同仁，南宁在那样行动着、我们曾那样思考过。

南宁市规划局，南宁市城市规划设计院的同事们对本研究的支持与帮助奠定了本研究成果的基础，在此深表谢忱。感谢团队成员：饶欢欢（第3章）、姜淑芬（第4章）、刘洪生（第5章）、毕婧（第6章）做出的贡献，汪满琴对全部现场资料的整理和全书的整饰。

恳请大家对本书的平淡无奇多多包涵。

南宁水城项目研究团队

2015.08